教科書沒有告訴你的

奇趣冷知識

節日篇

明報出版社編輯部 編著

目錄 ··

意想不到的節日慶祝方式

環球的趣怪嘉年華與祭典

各地習俗
大不同

你知道今天是幾月幾日嗎？

　　世界上有許多不同的民族，不同民族使用的曆法各有不同，就連新一年的開始時間也不盡相同。比如中國人使用農曆計算的新年，就與現在最為普及的西曆新年不同。到底世界上有多少種曆法，各個民族又會在什麼時候過年的呢？

　　伊朗人使用波斯曆法過年，他們的新年稱為「諾魯茲節（Nowrūz）」，意思是新的一天。伊朗曆與西曆一樣，一年共有 365 或 366 天、分為 12 個月，與西曆不同的是，波斯曆法上半年每月有 31 天，下半年 7 至 11 月有 30 天，12 月則是 29 天，若果是閏年的話 12 月會有 30

天。波斯曆法中的新年大約會在中國的春分日子，即西曆3月中旬左右。

位於東南亞地區的泰國、緬甸、斯里蘭卡等地會使用傣曆和佛曆為主。傣曆又稱為祖臘曆，受到古印度曆法的影響，起源自 800 多年前，隨佛教傳佈而被廣泛使用。傣曆與中國的農曆相似，同樣有閏月的概念，一個平年共有 354 天，有閏月的年份則是 384 天。特別的是，傣曆以 6 月為一年的開始，因此不少東南亞國家都在傣曆 6 月過新年，而傣曆 6 月即是西曆的 4 月中旬左右。香港人熟悉的泰國潑水節，其實就是傣曆的新年。

至於伊斯蘭地區的人民就以伊斯蘭曆過年，伊斯蘭曆是以月亮周期而不是太陽周期作為計算的曆法標準，與西曆一樣每年有 12 個月，每 30 年間會閏年 11 次。不過，伊斯蘭人並沒有慶祝新年的傳統，穆斯林（即伊斯蘭教信徒）只會慶祝開齋節和宰牲節，在這兩個節日中造訪親友和互祝平安，因此這兩個節日對他們的意義就像中國人的新年一樣。

除了以上介紹的三種曆法外，阿拉伯、埃及等地和一些少數民族都有自己特殊的曆法和新年傳統，衍生出世界各地豐富的節日文化。

哪個地方的新年習俗 最有趣？

　　每到新一年，大家都會期望新年一切順利，人人心想事成，為了達成願望，世界各地的民眾都會以不同的儀式慶祝新年，當中有不少有趣的新年習俗。

　　在西班牙，人們會在新年午夜鐘聲倒數 12 秒開始，在接下來每一秒倒數時往嘴中塞進一顆葡萄，以此祈求好運。每一顆葡萄都有不同的寓意，包括：發財、安寧、和諧、和睦、愛情、幸福、祛病、避難、歡樂、生意興隆、工作順利和事事如意。只要成功在 12 秒內把 12 顆葡萄放進口中，來年便會擁有以上所有好運。據說這項習俗本來只是果農為了促銷葡萄而提出的小挑戰，沒想到竟流傳了

超過 100 年！

　　愛爾蘭也有一項與食物有關的新年習俗，當地人在新年時會向屋子的大門和牆壁投擲麵包，寓意把壞運氣趕走，迎來好運氣。不知道是不是因為愛爾蘭的麵包特別硬，所以連霉運也怕了它呢？

　　至於丹麥的新年習俗則與餐桌有關——平日放在餐桌上的碟子在除夕夜當天會全部被摔在地上，丹麥人會帶着碟子來到朋友家門口，然後用力把碟子摔碎。因為他們認為碎片象徵散落的好運，因此家門前的碎片愈多，新的一年便愈幸運。

　　希臘的新年習俗也與碟子有關。在除夕夜的家庭聚會中，女主人會把首飾安放在碟子，然後把碟子放在桌上，祈求未來一年家族繁榮。在聚餐結束後，所有食物和酒菜都先不用清理，因為當地人認為聖人聖瓦西里會在除夕夜出現，為人們帶來禮物，人們必須準備食物款待聖人，才算是有禮。希臘人還認為除夕夜的禮物會帶來好運，因此喜歡在聚餐中玩有運氣成分的遊戲，看看誰才是最幸運的人。

　　不知道你覺得哪個地方的新年習俗最有趣呢？

結婚要玩躲迷藏？

　　結婚是人生大事，不同民族都有特別的結婚傳統習俗，當中有不少更令人感到驚訝！以下這些結婚習俗你又有沒有聽說過呢？

　　一、惡臭的新娘：每個新娘都希望打扮得漂漂亮亮地出嫁，但在蘇格蘭，這個願望實在是天方夜譚。因為蘇格蘭人在結婚時，會把新娘塗黑，而在婚禮前一天，新娘的親朋好友更會在新娘身上放上死魚、塗上發臭的牛奶和食物等，令新娘全身染上臭味。當地人相信，新娘在經歷過這樣的折磨後，就能忍受婚姻中的所有困難，令一對新人得到美滿的婚姻。

二、新娘以肥胖為主：亞洲女性大多以瘦為美，不少新娘都為了擠進貼身的婚紗，而在婚禮前瘦身，希望能在出嫁當日展露最完美的身段。但在西非的毛里塔尼亞，美麗的新娘必須像「米芝蓮人」一樣，在手臂、雙腿和腹部添上一圈又一圈的脂肪。原來當地人相信女孩子身上儲存大量脂肪代表將來能嫁給富有的丈夫，為了增肥，當地女孩還會入讀「增肥學校」呢！

　　三、岳父給女婿洗腳：不少新郎都十分害怕岳父，沒想到在尼泊爾，岳父反而會給女婿洗腳！當地岳父為女婿洗腳後，會讓女兒把腳放在同一盆水中。這個習俗象徵父親把女兒的人生轉交給新郎，儀式完成後，牧師會將賜過福的乾淨清水灑在新人手上，祝願他們美滿幸福。

　　四、把新郎藏起來：在尼日利亞，婚禮可能要等很久才會開始，因為當地在舉行婚禮時，新郎會在客人之中躲藏起來，必須在新娘找到新郎後，婚禮才可以正式開始。這個傳統可能是為了測試新娘對新郎的了解，也有人認為這是給予新郎的最後逃婚機會！

　　除了以上習俗，各地還有不少奇怪的婚嫁傳統，試試在網絡上找找看，說不定會找到一些有趣的發現呢！

各地葬禮儀式大不同？

　　世界各地的葬禮一般都十分莊嚴隆重，但也有些地方的葬禮辦得非常熱鬧。以下幾個地方的葬禮習俗，一定會令你非常意外！

　　在波利尼西亞群島的湯加王國是一個君主制國家，國王的葬禮非常盛大，不過這個葬禮最特別的地方在於，為國王處理遺體的人在葬禮後 100 天內都不能再使用雙手。因為對當地人而言，接觸國王遺體的人擁有「神聖之手」，這雙手不能與外界接觸，所以在哀悼國王的 100 天內，這些擁有「神聖之手」的人都會由專人伺候。

波多黎各也有一種獨特的守喪儀式。當地的殯儀館會以特別的方式保存遺體，令遺體能放置更長時間也不會腐爛，因此他們可以利用遺體製作立體模型，展示死者生前的生活。例如電單車手的遺體會被製成正在騎電單車的造型、拳擊手的遺體會擺出揮拳的姿勢等等。當地人認為以這種方式告別死者能減輕家屬的痛苦，令他們感覺死者會在另一個世界繼續生活着。

　　印尼托拉雅人的葬禮文化十分有趣。他們認為死亡代表重生，所以葬禮是一個慶典，參加者必須臉帶笑容。在親人過世後，當地人會舉行兩次葬禮。第一次葬禮在先人死後立即舉行，儀式較為簡單；等到死者的家人儲夠金錢後，便會為先人舉辦盛大的第二次葬禮。根據古老習俗，當地人更要在親人離世後與屍體一起睡，雖然現代的人們已經不會跟屍體同牀共枕，但每隔三年，他們仍會把死者的屍體從墳墓中挖出來，精心打扮一番，然後在鎮上舉行死者遊行，藉此緬懷死者。

　　世界上的葬禮習俗真是無奇不有，但無論如何，這些儀式都表達了生者對死者的思念，希望死者能在死後世界得到安息。

喪禮可以找人代你哭？

　　死別是人生中最難過的事情。喪禮一方面悼念先人，另一方面也讓在世者抒發懷念之情，在靈堂上放聲一哭，思念隨着輕煙傳到天國的彼方，希望對方聽得到。然而，不是人人會哭。有些人天生沒有淚腺，有些人在公眾場合哭不了，有些人對死者的感情並未濃郁到會為他流淚。如果想哭不能哭，原來是可以找專業哀悼師替你哭的。

　　其實，喪禮上沒哭聲，有什麼大不了？但有些文化，我們就別去質疑。例如在加納的喪禮，就必須要有哭聲。因為他們的習俗認為，哭聲象徵着死者的社會地位，以及其家人和社區對死者的愛。因此，有些人就會聘請專業悼

念師幫忙。這班悼念師其實是一班寡婦，她們希望在丈夫離世後仍可以幫助其他人，在喪禮上為他們已逝去的親人送上一份禮物，就是哭聲。

事實上，在加納，一個喪禮的隆重程度，跟婚禮是一樣的。他們平均花費 1 萬 5000 到 2 萬美元舉行一場喪禮。在香港我們或會在報紙上刊登訃文，但在加納他們會購買一個巨型廣告牌去宣告喪禮的安排！此外，還會在喪禮上邀請 DJ、舞者、主持等等前來表演。近年甚至有人邀請舞者枱着棺材跳舞，結果令「抬棺舞」的短片在網上爆紅！

有時候，死者甚至會在生前，就已經一早「預約」了悼念師及打點表演項目，作為安排身後事的其中一個環節。專業悼念師的淚水有價，喪禮規模愈大，他們的收費愈高，甚至明碼實價，為不同的哭聲定立價目表：細聲啜泣、哭哭啼啼、熱淚盈眶、聲淚俱下、淚如泉湧、痛哭流涕、嚎啕大哭、抱頭痛哭、呼天搶地⋯⋯哭得愈誇張，收費當然愈貴。

專業悼念師的哭聲，對家屬也有「好處」。有些人同情家屬，會捐贈給他們，而哭聲會讓喪禮現場變得更哀傷和更具感染力。不過，如果知道這班人是專業悼念師，其他人真的會捐錢嗎？

韓國都有端午節？

從小到大，我們都知道端午節是中國的傳統節日，人們會在這天紀念戰國時代的詩人屈原⋯⋯但你有沒有聽說過，原來韓國也有端午節？

韓國端午節又稱為江陵端午祭，是南韓江原道江陵市市民慶祝端午節的傳統習俗。這個節日在 2005 年成功申請成為聯合國教科文組織認可的非物質文化遺產。

韓國端午節是由中國端午節演變而來，因此與中國端午節同樣定在農曆的 5 月 5 日，又稱「端陽節」。不過，隨着韓國人把朝鮮族的文化習俗融入在節日之中，韓國端

午節漸漸有了不一樣的面貌。

　　宣揚人類和山岳和平共存是韓國端午節的傳統。相傳高麗太祖建立高麗時，得到兩名僧人幫助，因此他即位後舉辦端午節祭，以祭祀江原道大關嶺上的山神，祈求村民平安。現代韓國人在端午節前一個月已開始準備和慶祝，韓國江陵地區的人會舉行一連超過 20 天的「山神祭」和「前夜祭」，把「大關嶺山神」迎接到祭台上。除了山神外，端午節還會供奉城隍和一些歷史英雄，韓國人相信這些神明都已成為地區守護神，因此只要好好祭祀祂們，便能使國家風調雨順，國泰民安。

　　除了祭祀神明外，韓國人還會在這天表演戲劇、玩傳統遊戲。農民會舉辦樂舞比賽、棋王比賽等上千項文娛節目，夜間還會放煙花和還願燈，讓民眾一起慶祝。除了祭祀場地外，廣場還會舉行稱為「亂場」的廟會，好像香港的「年宵」一樣展出不同的商品，吸引市民前來遊覽和購物。

　　至於飲食方面，韓國人會在端午節吃由艾草和山牛蒡製成的艾草年糕，還會與親朋好友分享韓式車輪餅、櫻桃果凍、艾蒿糕等，令這個節日不但富有韓國特色，而且又可以玩，又好吃。

中日韓過七夕的方式完全不同？

　　七夕是中國傳統節日之一，根據史書記載，慶祝七夕的習俗最早可以追溯至漢代。至於七夕的起源，是來自一個大家耳熟能詳的故事：

　　相傳玉帝有 7 個女兒，最小的女兒名為織女。她來到人間後與凡人牛郎相戀，更下嫁給牛郎。這件事情令玉帝非常生氣，於是強行把身為仙女的織女帶回天庭，令一對情人被迫分隔兩地。後來，牛郎和織女每天都以淚洗面，當喜鵲知道後，便在每年的農曆 7 月 7 日搭成鵲橋，連接天庭和凡間，讓牛郎和織女可以在鵲橋上相會。

然而，這個美麗的傳說不止在中國流傳，更傳至日本和韓國，令三地同樣有慶祝七夕節的習俗。不過，三地慶祝七夕的方式到底有什麼分別呢？

　　在中國，年輕女性會在七夕當日祭天，預備黃銅七孔針，以五色細線對着月亮穿針，祈求善於刺繡的織女能賜予自己靈巧的心和雙手，這個習俗稱為乞巧。古時候，未婚男女會在這天參與祭典，希望在這時候找到理想的另一半，得到美滿的婚姻。

　　而日本人視七夕為一年中的五大節日之一，古時的貴族會在這天吟詩作對，享受音樂。現代日本人則會在西曆7月7日慶祝七夕，他們會準備長長的竹枝，然後把寫上了心願的七彩紙條掛滿竹枝，希望將自己的心願傳達給上天。

　　至於韓國人與中國人同樣會在農曆7月7日慶祝七夕，除了乞巧的傳統外，他們還會在這一天祭祀和吃煎餅，一些婦女會在醬缸台上擺放井水，祈求家人長壽，一家平安。不過，韓國近年已沒過往那麼重視七夕，年輕一代都不像以往會隆重地慶祝七夕了。

　　沒想到相同的節日會在不同地方演變出和而不同的慶祝文化，實在是各具特色，很值得我們一一細味。

常見節日的背後故事

為什麼愚人節在4月1日？

　　說到最有趣的節日，不得不提愚人節。你在當天有愚弄過人嗎？又或者，你有被人愚弄過嗎？有想過到底是什麼原因讓你有機會愚弄人或被愚弄呢？

　　有關愚人節的來源，有幾個說法。根據古羅馬殘籍的記載，羅馬在每年4月1日，都會舉行一個名為「蔓姜會」的宴會，有一年的「蔓姜會」，農業女神刻瑞斯（Ceres）的女兒普洛塞庇娜（Proserpina）與冥王普路托（Pluto）一見鍾情，普路托決定迎娶她為冥界王后，但當他們返回冥界時，普路托找來一些鬼怪發出怪笑，藉以戲弄「外母」刻瑞斯，刻瑞斯真的被騙，循着聲音的來

源尋尋覓覓。之後人們就把「蔓姜會」稱為「愚人節」。

與神祇有關的故事，或會令人覺得是虛構的。於是人們傾向相信愚人節是源自以下這個故事：1565 年，法國國王查理九世頒布法令，將一年的第一天由原本的 4 月 1 日改為 1 月 1 日。一些守舊派當然反對改革，為了宣示立場，他們在 4 月 1 日依然按照既有的新年傳統送禮慶祝。支持改革的人見狀，便在當天送假禮物給守舊派，又邀請他們參加不會舉行的聚會，藉以愚弄一番。從此，4 月 1 日捉弄人的習慣形成，漸漸變成了愚人節。

也有另一種說法：根據英國百科全書，愚人節是公元 15 世紀宗教革命之後才出現的一個節日。當時的西班牙國王菲臘二世（Felipe II de España）建立了一個「異端裁判所」，只要不是天主教教徒，就會被視為異端，並在每年 4 月 1 日處以死刑。人民無力對抗，只能在這一天，互相說謊取笑為樂，以沖走心中的不安和傷感。這種說法，為愚人節加添一點哀愁。

無論如何，現代人也不太理會愚人節的起源，反正在這天可以恣意弄人為樂。不過，愚人節只玩上午是常識，過了中午 12 點再戲弄人，那個人自己就是愚人。

為什麼「冬」
會大過「年」？

　　一年之中，有幾個中國節慶都強調跟家人團聚，其中最受重視的，要算是「冬至」。甚至一直有「冬大過年」的說法：冬至比過新年還重要。究竟為什麼會「冬大過年」？

　　先戴一戴頭盔：為什麼「冬大過年」，這沒有很確切的答案，只是一個民間代代相傳的說法。但冬至作為二十四節氣之一，早在周朝已經有人們做冬祭祀的記載，那時人們做冬，就像現在的人過農曆新年一樣，會穿新衣、祭祖，甚至擺酒飲宴。這對當時的人來說並不奇怪，因為他們真的在過新年：當年由周公姬旦制定曆法，

並把農曆 11 月定為「正月」，而冬至的確是一年之始。

冬至作為新一年的開始，並非沒有根據的。冬至那一天，太陽直射南回歸線，是北半球全年日晝最短的一天，而中國位於北半球，古時更覺得普天之下都是如此。中國古代流行陰陽之說，日是陽，夜是陰，經歷了全年日晝最短的一天，也就表示冬至過後，白天會愈來愈長。陰消陽長，「陽氣」回升，也就是萬物復蘇的意思。

直到秦朝，秦始皇統一曆法，一律改以 10 月為一年的第一個月。到了漢朝，漢武帝和司馬遷又再更改曆法，以 1 月為一年之始，這套曆法亦一直維持至今。自漢朝開始，冬至和農曆新年，正式分開和被確定下來。農曆新年的時候，大家會穿新衣，到親友家拜年、領利市；而冬至，則是一家人自己在家吃一頓豐富的晚餐。冬至從來不是假期，但約定俗成，有華人的地方，公司都會放半天假，或讓員工提早數小時下班回家，好讓他們共敘天倫之樂。

現在回想起來，冬至是一家人的節日，農曆新年是要跟親戚朋友拜年的節日，會否因為中國人家庭觀念強，所以才認為「冬大過年」？

英女王不喜歡
正日過生日？

香港在回歸中國之後更改了一些公眾假期的設定，最明顯的當然是英女王壽辰。不過，英女王壽辰假期只在香港消失而已，在英國和大部分英聯邦地區，英女王壽辰仍然是法定假期。

現任英女王伊利沙伯二世的出生日期是 4 月 21 日，但包括英國在內的大部分國家，都不會在正日慶祝。英女王壽辰假期會被安排在 6 月的第一、二，或第三個星期六。每年不一樣，而且每個地方都不一樣。像 2022 年，英國的英女王壽辰假期就定於 6 月 11 日，即 6 月第二個星期六。2019 年則在 6 月 8 日，是第一個星期六。

英聯邦國家之一的澳洲和紐西蘭則有固定的日子，澳洲會在 6 月第二個星期一慶祝（西澳洲和昆士蘭例外），紐西蘭則早一點，在 6 月的第一個星期一。

為什麼不選在正日慶祝呢？這要說到之前的一位英王佐治二世，他在 11 月 9 日出生，由於英王生日當日倫敦市內會舉行軍旗敬禮分列式，考慮到 11 月的英國天氣不穩定，所以決定把生日正日和慶祝活動分開，選在一個風和日麗的夏日舉行。之後的英王和英女王都一直沿用這個做法至今。（注：另一說法的主角是英王愛德華七世，同樣是 11 月 9 日出生，同樣是因為天氣不穩而做出這個決定。）

在英國，英女王壽辰當日除了有軍旗敬禮分列式，英國政府還會公布壽辰授勳名單（Birthday Honours List）。不說不知，全球真正在正日慶祝過英女王壽辰的地方，是香港。根據文獻記載，在 80 年代之前，香港的英女王壽辰假日正是 4 月 21 日，直至 80 年代初才跟隨英國，定於每年 6 月第二或第三個星期六，而且在之後的星期一補假。而最後一個英女王壽辰假期，在 1997 年 6 月 28 日，也是香港在英治時代的最後一個公眾假期。

你知道每個月的 14 日 都是情人節嗎？

　　你知道一年不只有 1 次情人節，而是有 12 次這麼多嗎？就讓我們一起認識不同的情人節吧。

　　最為人熟悉的情人節是 2 月 14 日，相傳這個節日起源於公元 3 世紀。當時的古羅馬暴君克勞迪斯二世為了征戰沙場，要求所有單身男性參加軍隊，不少情侶因此被迫分開。教士華倫坦（Valentine）因為同情他們而繼續為情侶主婚，結果被暴君發現後，馬上將他處決。後來，人們為了紀念華倫坦守護愛情而奮不顧身的偉大情操，便把 2 月 14 日定為他的紀念日 Valentine's Day，繼而演變成今天的情人節。

3 月 14 日稱為白色情人節，日本習俗中女生在 2 月 14 日向男生表白，而男生則在 3 月 14 日以糖果回禮。

　　4 月 14 日是黑色情人節，起源自韓國，單身人士會在這天穿上黑色衣服，喝黑咖啡和吃黑色炸醬麵，慶祝單身。

　　5 月 14 日是黃色與玫瑰情人節，在這一天，單身的男女會穿上黃色衣服，告訴別人自己正在等候蜜運降臨。加上 5 月是玫瑰花盛開的季節，戀人之間會贈送不同顏色的玫瑰來表達心意。

　　6 月 14 日是親吻情人節，戀人會互相親吻示愛。7 月 14 日是銀色情人節，韓國人會向情人贈送銀飾。至於 8 月是郊遊的好日子，情侶會在 8 月 14 日的綠色情人節與伴侶一起郊遊。到了 9 月 14 日，是音樂與相片情人節，情侶會互相贈送喜歡的音樂和拍照。

　　10 月 14 日是葡萄酒情人節，情侶可以喝葡萄酒和享受浪漫晚餐。11 月 14 日則是橙汁與電影情人節，韓國情侶會一同看電影約會和喝橙汁。12 月 14 日是擁抱情人節，大家可以熱情地擁抱情人。

　　至於 1 月是新的一年，因此 1 月 14 日是日記情人節，情侶可以互相交換戀愛日記，與伴侶規劃來年的目標。

世界各地會
怎樣慶祝情人節呢？

　　情人節是「普天同慶」的節日，不同地方慶祝情人節的方法都不相同。接下來，讓我們一起來認識一下各地過情人節的特別習俗吧！

　　在危地馬拉，過情人節不僅是年輕情侶的專利，當地人認為情人節是表現「愛」的日子，所以不論是男女老少，只要「心中有愛」，都可以一起慶祝情人節。親人、同事，以至家中的長者都會在情人節互相表達愛意，當地更會在情人節當天舉行「長者大遊行」，聽起來與中國人把仁愛精神推己及人有異曲同工之妙。

至於熱情的巴西人原來十分相信命運，大家會在情人節做簡單的占卜，測試身邊的「真命天子」到底是誰。占卜的方法非常簡單，人們會把身邊的異性朋友名字寫在字條上，然後把一堆字條混在帽子之中，大家一起伸手抽出字條，字條上的名字就是他們的「真命天子」了！

　　接近大自然的澳洲人慶祝情人節的方法與大自然息息相關。原來澳洲人對情人節禮物非常講究，他們會把紫色貝殼贈送給戀人，表示自己的忠貞不二。一些人會選擇在情人節當天向暗戀對象贈送紫色貝殼，以表達自己的心意。至於這樣能不能提高告白的成功率？那就沒有人知道了。

　　南非人過情人節的方式非常浪漫，衣服成了人們表達愛意的工具，人們會把情人的姓名繡在手袖上，然後「穿」起戀人，一整天都與戀人緊貼在一起，象徵與對方永不分離。這個浪漫的傳統起源自當地古老的牧神節，可以說是既浪漫，又富有文化意義。

　　而德國人就認為情人節不只是與愛侶慶祝的節日，也代表豐衣足食，所以他們會在當天大吃大喝。說不定情人節後，德國情侶的身形都會胖上一個碼呢！

復活節為何與
雞蛋和兔子有關？

　　每到復活節，大街小巷都會放上復活蛋裝飾，小雞和兔子是復活節中常見的動物。不過，復活蛋和這兩種動物到底與復活節有什麼關係呢？

　　復活節本來是基督宗教的節日，根據《聖經》，救世主耶穌為了替世人贖罪而被釘上十字架受死，並在死後的第三天復活。為了紀念神的恩典，教會把每年春分月圓之後的第一個星期日定為復活節，由於每年春分和月圓的日子都不相同，所以復活節的日期是每年都不一樣的。

　　至於復活蛋的由來就有兩種說法，一部分人認為，小

雞由母雞誕下雞蛋，然後破殼而出，就好像經歷了兩次出生一樣。這就正如耶穌降生到人間為世人贖罪，接着在死後復活的經歷，所以人們便以復活蛋象徵耶穌復活。另一部分人則指出，古代希臘人會在復活節把雞蛋塗成紅色，象徵春天萬物復蘇，同時代表耶穌基督為世人受難時所流的鮮血。久而久之，雞蛋便成為了復活節的象徵。

那麼，「復活兔」又是怎麼一回事呢？原來兔子與基督宗教無關，卻與歐洲的神話關係密切。在希臘神話中，兔子是愛神阿佛洛狄忒的寵物，牠們繁殖能力很強，因此被視為春天孕育新生命、萬象更新的象徵。後來，日耳曼神話把兔子當成派發復活蛋給小孩的使者，兔子於是在復活節中佔上一席位。另一種說法則指出，古代異教傳說中的春季女神在冬季拯救受傷的小鳥時，把牠變成了生命力強的兔子，同時保留了鳥兒生蛋的能力。於是，擁有兔子的外觀，卻能生出蛋的「復活兔」便就此誕生。

現在你已經知道復活蛋和復活兔的由來了，明年慶祝復活節時，不妨向朋友介紹這些有趣的小知識吧！

母親節比父親節
早了 5 年出現？

　　每年 5 月和 6 月的母親節和父親節，是我們分別向父母親表達愛意的日子，但你又知不知道這兩個節日的由來呢？

　　原來母親節的歷史比父親節久遠，最早可以追溯到 1905 年。美國有一個女生名叫安娜‧賈維斯，她終生未婚，一直陪伴着母親。安娜的母親心地善良，經常關心身邊的人，安娜十分尊敬母親，認為母親培育子女非常偉大，因此提出設立一個日子來紀念母親。在安娜的母親離世後，她繼承母親的志向，開始推廣慶祝「母親節」，並申請把這個節日定為法定節日。直到 1913 年，美國國會

承認每年 5 月的第二個星期日是母親節，世界各地後來也分別確立母親節。康乃馨是安娜的母親生前最愛的花，後來的人便漸漸把康乃馨當成母親節的象徵。

至於父親節則在 1910 年創立，傳說住在美國華盛頓的杜德夫人成長於單親家庭，她的父親父兼母職，一手把 6 名子女養育成人。1909 年，杜德夫人的父親不幸離世，杜德夫人在出席母親節慶祝活動後靈機一觸，想到既然有母親節表揚母親，也應該設立父親節讚揚天下的父親，於是她開始宣傳父親節的理念。華盛頓州長非常認同杜德夫人的看法，於是在 1910 年開始在華盛頓州舉行父親節聚會，到了 1972 年，時任美國總統尼克遜簽署文件，把每年 6 月第三個星期日定為父親節。在那之後，世界各國也開始出現慶祝父親節的傳統。在西方，人們認為代表親切和剛強的石斛蘭與父親的形象很相襯，所以這種花卉便被視為父親節的代表。

無論父親還是母親，都在我們成長的過程中無微不至地照顧我們，我們不應只在節日時孝順他們，記得也要在平日敬愛他們啊！

每到感恩節，美國總統都會「赦免」一隻火雞？

　　香港會慶祝不少源自基督宗教的節日，例如聖誕節和復活節。其實除此之外，基督宗教的著名節日還有「感恩節」！可能你對感恩節不太熟悉，但原來感恩節在北美洲是非常大型的節日呢！

　　感恩節（Thanksgiving Day）是美國與加拿大的全國性節日，在加拿大，感恩節是 10 月第二個星期一，美國則把這個節日定在 11 月第四個星期四。北美人民會在這天感謝上帝過去一年的恩賜，慶祝幸福和豐收。

　　傳說感恩節源自 1602 年，當年有一艘客船從英國

普利茅斯開往美國麻省一處普利茅斯殖民地。船上的基督徒到達美國後不習慣當地的氣候，經常挨餓和生病，生活十分艱苦。原住民因而向他們伸出援手，教導他們學習耕作，並在第二年得到豐收。那些教徒於是在慶祝豐收的日子與原住民一起感謝神的恩賜，他們舉行感恩會、烤火雞、烹調玉米食品款待原住民。這項傳統慢慢演變成現在的感恩節。

時至今日，北美洲人民會在感恩節與親朋好友團聚，一起吃晚餐。火雞是節日的傳統主菜，人們會在火雞的肚內釀入不同調味和餡料，然後把整隻火雞放入焗爐內烤熟。另外，捐贈金錢和食物也是感恩節的傳統，人們認為捐贈有餘的物資給有需要的人，能把神明的恩賜傳給他人，使大家一同得到幸福。

感恩節還有一樣有趣的傳統，那就是美國總統在每年的感恩節時都會「赦免」一隻火雞。因為每年都有不少火雞成為感恩節餐桌上的美食，直到 1989 年，時任的美國總統老布殊收到火雞作為贈禮後，沒有殺掉火雞，反而公開聲明火雞已得到「特赦」，將在農場度過餘生。在這之後，每一任美國總統都會遵從這項傳統，以展示他們愛惜生命的精神。

黑色星期五為什麼變成黑色購物節？

　　2022 年 5 月 13 日「黑色星期五」，到底這個星期五有什麼特別，為什麼會被稱為「黑色」？原來這與西方文化息息相關。

　　西方傳統把既是星期五，又是每月第十三日的日子稱為「黑色星期五」。這是由於不少西方國家都信奉基督宗教，而基督宗教相信耶穌是死於星期五。另一方面，在西方的傳統上，認為 12 代表完整，如一年有 12 個月，每天由兩個 12 小時組成、耶穌的 12 門徒、12 星座等概念，都以 12 為整體，但 13 超越了這個完整性，所以 13 被視為不吉利的數字。當不祥的星期五遇上不祥的 13，令

西方人聯想到「比倒楣更倒楣」，於是他們便把 13 號的星期五稱為「黑色星期五」。

　　歷史上的確有不少不幸的事件發生在「黑色星期五」，最著名的是法國聖殿騎士團在 1307 年 10 月 13 日被法國國王下令逮捕和屠殺的慘案；而 1970 年 4 月 13 日執行任務的阿波羅 13 號太空船，則因為氧氣罐故障而爆炸。這些事件令更多人迷信「黑色星期五」會帶來可怕的災禍。不過，其實世界上每天都有大大小小的不幸事件發生，只是因為人們特別在意 13 號的星期五，才會記下這些日子發生的倒楣事，繼而給人覺得這天特別不幸的印象。

　　近年，北美洲漸漸不再迷信 13 號星期五的不祥故事，反而把感恩節後的星期五稱為「黑色星期五」，變成聖誕節前的商戶減價促銷，鼓勵消費者購買商品慶祝聖誕節的商業節日，這個節日又被稱為「黑色購物節」。有了這個讓消費者狂歡的特別節日，相信人們漸漸不會再視「黑色星期五」為不幸的日子了。

日本人吃炸雞慶祝聖誕節
全因一個謊言？

　　提到聖誕大餐，不知道你會想起什麼食物？是巨大的火雞，還是香甜的聖誕布丁？想不到對日本人來說，以上答案通通不對。日本人在聖誕節必吃的食物居然是炸雞！

　　每到聖誕節前，日本的炸雞店都會大排長龍。這項節日傳統源自 1970 年，當時東京第一間連鎖炸雞店在一所幼稚園旁邊開幕，為了方便運送，幼稚園就選擇以炸雞取代聖誕火雞，舉行聖誕派對。在派對中，店員更打扮成聖誕老人逗小朋友開心，結果每位參加者都非常滿意。炸雞店店主因而發現了商機，決定推廣以炸雞取代火雞來慶祝聖誕節的方式。

後來，日本一家知名電視台訪問炸雞店店主，店主在節目中稱吃炸雞慶祝聖誕節是西方的傳統，這個謊言由具有公信力的電視台播出，使得大批國民信以為真，吃炸雞於是成為了日本人慶祝聖誕節的標準方法。

　　時至 1983 年，日本人歡度聖誕節時已經離不開連鎖炸雞店的炸雞。炸雞店會在節日期間推出特別炸雞桶作大力促銷，假如你晚了一步訂購，佳節當晚就有可能吃不到炸雞呢！因此在每年聖誕節前兩個月，日本人便會開始訂購炸雞。

　　另一方面，日本的聖誕節還有一點與其他國家非常不同。世界各地大多視聖誕節為享受家庭樂的日子，着重一家團圓，但日本人卻認為聖誕節是屬於情侶的。原來大部分日本人都以為聖誕節是讓人們慶祝的商業節日，並不了解節日背後的宗教文化，加上商家為了製造商機，鼓勵男士在聖誕節向心儀的女士送禮，因此日本人在聖誕節的節日習俗只會與情人吃大餐和看燈飾，很少人會與家人一起過節。

意義眾多的
國際紀念日

《哈利波特》世界的清明節？

　　你讀過英國名著《哈利波特》嗎？你喜歡奇幻的魔法世界嗎？假如你是這部作品的粉絲，你一定不可以錯過每年的「國際哈利波特日」！

　　《哈利波特》由 J.K. 羅琳創作，全書共分為 7 部。這套名著至今已被翻譯成 75 種語言，成為全球 200 個國家的暢銷書，總計銷量超過 5 億，是全球最受歡迎的小說系列。電影版則創造了超過 70 億美元的票房，深受全球各地的讀者和影迷歡迎。

　　每年的 5 月 2 日是國際哈利波特日。因為《哈利波

特》書中提到，1998 年 5 月 2 日是魔法學校霍格華茲發生大戰的日子。這場大戰是主角哈利波特與黑魔王佛地魔的決戰，很多深受讀者喜愛的重要角色都在這場戰爭中英勇犧牲。大量讀者都無法接受自己喜愛的角色死亡，所以他們便在這一天一起舉行紀念活動，為角色默哀，表達自己的惋惜和遺憾。

在哈利波特日當天，讀者會在晚上 7 時默哀 7 分鐘。在《哈利波特》系列中，「7」被視為最強的魔法數字，不少強大的魔法都會與 7 字相關，因此讀者選擇在 7 時悼念角色，希望能發揮最強的魔法力量，帶領角色在彼岸世界中得到安息。除了悼念活動外，讀者也常常在節日當天相聚在一起舉行分享會，討論大家對《哈利波特》系列的喜愛，商家也會在這天舉行促銷，出售《哈利波特》的紀念品。

另一方面，《哈利波特》的作者 J.K. 羅琳也會在 5 月 2 日以特別的方式紀念筆下的角色，那就是在社交媒體上發表帖文，向在書中被「賜死」的角色致意。至今得到作者特別紀念的角色包括石內卜教授、弗雷·衛斯理、雷木思·路平和家庭小精靈多比。不過大眾喜愛的角色眾多，有些角色可能還要再等一等了。

你會在世界問候日問候誰？

　　每次與別人見面時，我們都會習慣向對方說「你好」，問候對方的身體或生活狀況。這能表達我們的友善，令人際關係更融洽。為了推廣多問候他人這個友好的舉動，11 月 21 日被定為世界問候日。

　　世界問候日又稱為世界哈囉日，旨在提醒我們多與人溝通，以溫暖的問候化解糾紛和爭執。這個節日的起源與 1973 年的中東戰爭有關。當年的 10 月 6 日，埃及和敘利亞攻擊被以色列佔領的西奈半島和戈蘭高地，開展了為期 20 天的戰爭，引致大量人命傷亡，不少家庭因而破碎，人民流離失所。這場悲劇深深觸動了遠在地球另一

邊的一對澳洲兄弟——姆可馬克和米歇爾的關注。

姆可馬克和米歇爾於是印製宣傳單張，寄給世界各國的領袖和社會知名人士，勸告各國領導人應以和平的方式解決國際糾紛，不要再以武力攻打其他國家。他們又提倡人們釋出善意、互相問候、彼此了解，從而促進不同族群之間的文化交流，達到消除誤解、拉近民族之間距離的結果，創造一個世人相親相愛的和平世界。

姆可馬克和米歇爾認為問候不局限於「Hello」，人們在與其他民族的人交流時，應該學習對方國家的特別打招呼方式，從而親近別人。就像香港人遇到朋友時，常常會詢問對方「食咗飯未」，而法國人見面時除了問候，還會和朋友行貼面禮表示親近等等。

時至今日，全球有 146 個國家響應世界問候日，在當天呼籲民眾最少與 10 位親朋好友打招呼，一起祈求世界和平。聯合國更曾經發行過一套世界問候日的郵票，希望人們以信件傳達友愛，打破國際的界限，令所有人都能多溝通，一起分享好心情呢。

該如何慶祝「世界睡眠日」？

　　你睡得好嗎？你每天會睡多少個小時呢？睡眠對每一個人來說都非常重要，「世界睡眠醫學學會」和「世界睡眠聯盟」就共同成立了「世界睡眠學會」，創辦「世界睡眠日」，關注大眾的睡眠健康。

　　原來每一個人的一生中都有近 33% 時間是在睡眠之中度過的，假如我們 5 天不睡覺便會因精神不振而死亡！睡眠是人類重要的生理需要，有助我們休養生息，讓身體復原，並幫助我們整合和鞏固記憶。如果你在考試前一晚沒有充足的睡眠，專注力和記憶力都會大受影響。

不過，現代人生活壓力很大。世界衞生組織曾經做過一項全球性的調查，發現接近 30% 受訪者有睡眠問題，情況令人關注。科學家於是在 2008 年創立「世界睡眠日」，希望透過舉辦活動，推廣良好的睡眠習慣，幫助民眾解決睡眠問題。這個節日定在每年春分前的星期五（約 3 月中旬）舉行。

　　自 2008 年起，世界睡眠日已連續舉辦了 14 年，節日的主題包括睡眠與生活、駕駛、人生、成長、夢想、壽命等等，2022 年的睡眠日就以「優質睡眠，健康心靈，樂活世界」為題，鼓勵人們平衡睡眠與生活，從而活出健康快樂的人生。

　　為了配合每年的節日主題，不同活動會在世界各地舉行。比如 2009 年起舉辦的「多睡一小時」公益活動，以提高人們的睡眠品質為目標，務求延長大眾深度睡眠的時間。另外，一些城市又會提供義診服務，讓醫生直接幫助患有失眠或其他睡眠障礙的病人，改善他們的睡眠質素。

　　能夠安穩地入睡，對維持我們的精神健康十分重要。你們也要維持良好的作息，不要養成不良的睡眠習慣啊！

你知道家裏可以沒有你，
但不能沒有廁所嗎？

廚所是我們每天都會去的地方，但你一定沒有想過會在那兒舉行慶祝活動。可是「世界廁所日」卻以廁所為題，鼓勵大眾多關注這個特別的地方。

2001 年，新加坡世界廁所組織把 11 月 19 日定為世界廁所日。組織創辦人慈善家沈銳華認為，廁所是重要的衛生設施，人們應該多了解衛生設施，例如認識怎樣管理糞便污泥、控制水污染等等。他於是倡議設立世界廁所日，向大眾傳授這些知識。2013 年，新加坡政府提出《為全人類提供衛生設施》的議決，呼籲全球民眾改善國際衛生問題。在第 67 屆的聯合國大會中，共有 122 票

支持這項議決，令國際廁所日成為聯合國認可的紀念日。

　　根據聯合國的資料，目前全球大約有 42 億人仍然過着沒有安全的衛生設施的生活，更有約 6.7 億人需要在野外地方排泄。聯合國每年都會在世界廁所日提出目標，希望盡快在全球興建足夠的衛生設施，令人們不需要在野外排泄，創造衛生的環境。

　　可持續發展和改善人類排泄方面的衛生設施都是世界廁所日所關注的議題，例如 2019 年，節日以「不落下任何一個人」為主題，宣揚讓每個人都能擁有安全的衛生設施。至於解決污水問題、廁所與就業、廁所與營養等，都是過去世界廁所日曾經採用的主題。

　　2017 年，全球有超過 40 個國家在世界廁所日舉行活動，回應節日的宗旨。這些活動更在社交媒體上得到超過 7 億人回應。到了 2018 年，參與和回應活動的數字更比 2017 年上升 15%，可見世界廁所日成功引起社會大眾的關注。你也可以在今年的 11 月 19 日，留意香港有沒有關注廁所的活動舉行。

你今天微笑了沒有:)？

以微笑待人能給予人友善的感覺，使人與人之間的相處更加和諧。每年 10 月的第一個星期五是世界微笑日，目的是向大眾宣揚多微笑的信息。

哈維・鮑爾（Harvey Ball）是世界微笑日的始創人，這位美國藝術家生於 1921 年，兩個圓點配上一個 U 形弧線的微笑圖示就是他最著名的作品。這圖案原來是哈維在 1963 年為一家廣告公司設計的圖示，當時只價值 45 美元的報酬。後來，微笑圖案在全球各地大受歡迎，但哈維希望世界各地的民眾可以一起分享他的創作，所以從來沒有為微笑圖案申請專利。

1999 年，哈維成立世界微笑基金會，以「做善事——幫助一個人微笑」為宗旨，致力於幫助世界上有需要的兒童。這個基金會在同年訂立世界微笑日，向世界宣揚微笑的友善信息。在哈維死後，世界微笑基金會繼承他的遺志，繼續為世界微笑日提供贊助，希望社會各界常常以笑待人。

　　每年世界各地都會在世界微笑日舉辦特別的活動，把歡笑傳給大眾。例如製作印有巨大微笑圖案的熱氣球、舉辦微笑比賽、舉行喜劇表演等等。每一位參加者都能從這些節目中得到樂趣，大大的笑容自然在他們的臉上出現。不少學校、醫院和企業也會響應世界微笑日，在相關場所內舉行活動，把快樂傳給每位師生、病人和客戶。世界微笑日至今仍然是世界精神衛生組織確立的唯一一個慶祝人類表情的節日，根據醫學研究，當我們臉上掛着微笑時，不但可以對抗面容衰老，也可以釋放善意，令身邊的人同樣感到愉快和輕鬆。無論是不是世界微笑日，你也要多微笑啊。

如何思考圓周率
對生活的意義？

$3.14

　　圓周率亦稱為 Pi，這是數學中的一個數值，用來表示圓形的周長和直徑比例，近似值約等於 22 ／ 7，以小數表示可顯示為 3.14。假如一個圓形的直徑是 3 厘米，那麼它的周長就是 3 X 3.14，即約等於 9.42 厘米。說到這裏，你可能會很困惑，到底數學和節日有什麼關係呢？原來每年的 3 月 14 日除了是白色情人節外，還是圓周率日，不少數學愛好者都會在這天慶祝一番。

　　美國麻省理工學院是全球最先慶祝圓周率日的地方，那兒的師生把 3 月 14 日定為國家圓周率日，並倡議全國一起慶祝。在 2009 年，美國眾議院正式通過這項提議，

自此之後，圓周率日便正式成為了美國的國定節日。

在 3 月 14 日，人們會以不同的方式慶祝，各所大學的數學系師生都會特別重視這個與數學息息相關的節日。例如人們會在 3 月 14 日下午 1 時 59 分或 3 時 9 分（24 時間制的 15 時 9 分）開派對，因為圓周率的六位近似值是 3.14159。在派對上，人們會一起思考圓周率對生活的意義，也會玩與圓周率相關的遊戲。一些學校更會舉辦比賽，讓學生嘗試背誦圓周率，比併誰能背出圓周率小數點後最多位的數字。另一些學校還會在這一天向學生分發餡餅，因為餡餅的英文「pie」與圓周率「pi」的發音相同。各地的連鎖快餐店也會配合圓周率日推出促銷活動，例如以 3.14 元的售價販售餡餅。

此外，3 月 14 日不只是圓周率日，還是美國猶太物理學家愛因斯坦的生日，以及英國著名宇宙學家霍金的忌日。科學學會的學生會聯同數學系一起慶祝，紀念各自領域上的偉人。

世界意粉日，
食哪款意粉好？

　　肉醬意粉、卡邦尼意粉、青醬大蝦意粉⋯⋯不知道哪一道意粉是你的最愛呢？世界上有不少人都深愛意粉，甚至還有人為了它，成立了「世界意粉日」呢！

　　「世界意粉日」在每年的 10 月 25 日，1995 年，40 名來自世界各地的意粉製造商聚集在意大利羅馬，舉辦了首個世界意粉大會。從那時開始，來自不同國家的意粉愛好者都會在 10 月時聚首一堂，一起參加這項「意粉界」的盛事。

　　在「世界意粉日」中，人們會一起分享美味的意粉，

互相請教烹調意粉的經驗，並向全世界宣傳意粉這個最美味的菜式。生產意粉的業界領袖更會一同討論有關意粉的市場、經濟價值、它們的營養和文化等等。除了學術討論外，一些餐廳更會在意粉節期間舉行優惠活動，並把售賣意粉的 10 至 20% 收益捐給慈善機構。因此，世界意粉日可說是既有商業價值，又富文化和慈善意義的活動。

那麼，世界上的人到底是從什麼時候開始喜愛意粉的呢？原來意粉的歷史可以追溯至公元 12 世紀，更有人主張在希臘神話中已能找到意粉的蹤迹。目前，世界上的意粉種類超過 300 款，如我們常見的意大利長麵（Spaghetti）、千層麵（Lasagna）和直通粉（Penne）等等，每一款都有特別的起源和故事，而意粉的食譜更是五花八門，多不勝數。

直至 2013 年，全球每年會生產超過 1400 萬噸意粉。根據調查，意大利人平均每人每年食用超過 25 公斤的意粉呢！意大利人認為最好吃的意粉必須「Al dente」，即是彈牙有口感。下次吃意粉時，不妨留意自己點的料理符不符合這個標準呢！

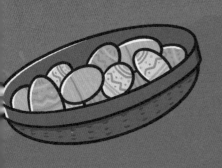

香港月曆沒有
標示的節日

聞風節向雞蛋祈求好運？

　　古埃及是四大文明古國之一，當地的文明神秘而充滿魅力，吸引後世的學者和一般人爭相研究。世界上有一個節日，就從 5,000 年前的古埃及一直流傳至今，那就是——聞風節。

　　聞風節的慶祝活動從 3 月下旬一直舉行至 5 月初，這個節日標誌着埃及的母河尼羅河兩岸春回大地，萬物茂盛地生長，因此聞風節又稱為「惠風節」，也有人提出這是埃及文明的「春節」。

　　在古埃及日曆中，聞風節的日期是 8 月 27 日，古

埃及人根據節氣變化，把春季中，白天和黑夜時間正好是一半一半的日子定為聞風節，相等於中國文明中的「春分」。根據古埃及神話，聞風節是善良的左神戰勝邪惡神明的日子。在古代，法老的金字塔是聞風節祭祝儀式開始的地方，埃及人會聚集在金字塔前，仰視日出，代表看着太陽神在天上俯視地上的人民。當太陽下山，太陽神離開人民，人們便會在晚霞中結束慶典，各自回家。現代埃及人仍會在這天換上盛裝，來到寺廟中吟唱詩歌和誦念經文，並與親朋好友互相交換禮物。

埃及人視雞蛋、生菜、葱和鹹魚為聞風節必備的食品，因為葱可以治病驅邪，而生菜和鹹魚可以強身健體，增強生育能力。雞蛋同時代表生命的起源，因為埃及人認為太陽神賜予雞蛋生命，是孕育大地眾生的必需品。因此埃及人會在聞風節準備雞蛋，並在蛋殼上繪上圖案和寫上願望，接着把彩蛋煮熟，裝入籃中，放在屋前或掛在樹上，等待太陽神賜予人們幸福。如果雞蛋在聞風節後仍沒有破裂，就代表太陽神願意滿足那個人的願望。

時至今日，埃及人仍然堅守聞風節的傳統，把古埃及燦爛的文化承傳下去。

泰國潑水節的水
也要很講究？

假如你在家中浪費食水，一定會被父母責罵。不過世界上竟然有一個節日，可以讓你當日盡情玩水而不會被罵！那就是泰國的潑水節。

潑水節是泰國人的新年，每年傣曆 6 月是新一年的開始，而潑水節的時間就在傣曆 6 月的月圓日前後。這個節日在泰語原稱為「Songkran」，意思是「Nothing」，人們會在慶祝期間互相潑灑清水，祈求清洗過去一年的不順和不幸，然後在新一年中重新出發。

潑水節一般會慶祝 3 至 7 天，活動第一天稱為「宛多

尚罕」，即是除夕。人們會潔淨身體、換上盛裝、到佛寺堆建沙塔和浴佛聽經。中間的一至兩天稱為「宛腦」，意思是空日；而最後一天則是「宛叭宛瑪」，意思是「日子之王到來之日」，亦是泰國的元旦。

　　按照習俗，傣族人在潑水節中使用的水必須是最清潔的水。人們會在清晨時上山取水，有些地方的人會用銀碗盛水，然後使用桂樹枝沾水，點在彼此肩上；但在大部分地方，潑水節都是大型的潑水活動。年青男女會互相潑水祈福，最後變成整個村落一起潑水的狂歡節日。人們相信，潑水可以洗淨人身上的罪惡和污穢，令人們在新的一年中重獲新生，成為一個潔淨的人。在一些大城市如曼谷，人們也會用香車來盛載佛像，舉行遊行，並在沿途互相灑水，以示祝福。

　　除了向彼此潑水外，潑水節也是佛教為神明洗澡的日子。依照傳統習俗，人們會準備供品，拜祭佛祖，並把清香的水灑在佛像身上，象徵為佛像洗塵。這樣做能感激神明在過去一年的庇佑，並且祈求神明在接下來的一年繼續保佑自己，令新一年平安順利，消災除病。

傣曆 12 月 15 日月圓之夜
會發生什麼事？

　　河流上佈滿一盞盞水燈，在水面上緩緩漂流，這樣優美的景象是泰國水燈節獨有的風景。每年傣曆的 12 月 15 日月圓之夜，即約西曆 11 月時，就是水燈節的日子。每到這個晚上，泰國的河港或者湖邊都會飄滿水燈。

　　民間認為，水燈節源於 800 多年前泰國的素可泰王朝。當時的人民會在 12 月 15 日的月圓之夜聚集在首都，慶祝「燈節」。王室成員和民眾可以在河中嬉水，並在水中流放水燈。在節日的尾聲，國王會下令燃點煙花，與民眾一同慶祝這個盛事。

另外有一些人們認為，傣曆的 12 月一般是雨季結束後的日子。這時候，泰國的河水高漲，泰國人民於是把親手製作的水燈放到河流中，一方面寄託心中的願望和祝福，另一方面以示對水神的虔誠和敬意，希望能把過去一年犯下的過錯徹底清洗乾淨。

　　到了現代，多姿多彩的遊行和放水燈儀式等都是泰國人慶祝水燈節期間的必備節目。當地人民和遊客會在黃昏時分來到河邊或者湖畔，以芭蕉葉製作五彩繽紛的蓮花燈，再放在水中，看着美麗的水燈慢慢飄向水流的另一邊。在水燈節期間，成千上萬朵美麗的蓮花燈會鋪滿河畔，形成富有浪漫情調的景色，因此吸引了不少人前來泰國參與這項傳統。

　　除了放水燈外，泰國人還會在家門外掛上彩色紙燈籠裝飾，香蕉和樹枝也是當地人常用的裝飾品。另外，在泰國北部的「湄宏順」地區，雖然人們不會放水燈，但他們會在紙燈籠上繫上蓮花，然後把燈籠放上天空。散發光芒的燈籠緩緩上升，滿天都是搖曳閃晃的天燈，令節日充滿情調。

　　假如你有機會前往泰國，不妨一同參與水燈節的活動，享受這個美麗的節日。

「排燈節」為人們
帶來光明？

　　現代人認為燭光是浪漫的象徵，比如在情人節，情侶會一起吃燭光晚餐。燭光同時能為人們帶來光明，因此在一些傳統節日中，燭光代表光明、繁榮和幸福。印度教徒慶祝「排燈節」時，就會點起蠟燭或油燈。

　　排燈節是印度教的重要節日，英語稱為 Deepavali，當中的「Deep」代表光明或燈，而「avali」則是行或排的意思。根據印度國定曆（India National Calendar），排燈節是 8 月滿月後的第十五天，大約等於西曆的 10 月中旬或 11 月上旬。除了印度外，其他信奉印度教的國家如斐濟、馬來西亞都會慶祝排

燈節，而錫克教、耆那教的文化也會慶祝排燈節，因此這個節日在東亞文化中得到廣泛的重視。

在印度境內，排燈節是非常重要的節日，也是當地的法定假期。慶祝活動會持續整整 5 天，期間印度人不但會張燈結綵，還會燃點煙火。而在其他國家，印度教的信徒則會在排燈節期間舉辦音樂會、宴會等，並點起成列的燭火和鞭炮，共同唱頌「以光明驅走黑暗，以善良戰勝邪惡」。親朋好友也會趁着佳節聚會，互相送贈彩色的椰子糖以示祝福，並一起玩遊戲，聯絡感情。

雖然世界上逾 10 億的印度教徒都會慶祝排燈節，不過這個節日的起源眾說紛紜。主流普遍認為排燈節與印度神話史詩《羅摩衍那》有關。傳說念羅摩神打敗魔王，在阿約提亞城加冕為王，當時的國民為了表達祂是象徵國家的新希望，於是點亮了數千盞陶燈。這個習俗流傳到後世，就演變成了排燈節。錫克教徒則認為排燈節是為了紀念他們的精神領袖哈爾·戈賓德（Guru Har Gobind）。不論起源是什麼，排燈節都是世界各地人民心中神聖的節日。

逾越節到底「逾越」了什麼？

在基督宗教中，「逾越節」是一個重要的節日。但人們在這個節日中到底「逾越」了什麼？背後原來有一段故事。

根據《聖經·出埃及記》記載，古代以色列人曾經受到埃及人的奴役，這時候，神選擇了先知摩西帶領以色列人離開埃及。不過，由於當時的埃及法老（即國王）不願意讓以色列人離開，所以神降下了十災，以作懲罰埃及。十災包括令尼羅河和埃及的水變成血、在埃及國土降下蛙災、使人和牲畜身上長滿虱子等等。可惜法老堅持不肯讓以色列人自由，上帝最後只好降「殺長子之災」：所有

埃及人和動物的長子都會被殺死。

　　為了令以色列人的長子不會無辜被害，民族領袖摩西吩咐以色列人把羔羊的血塗在門框和門楣上作為標記。這個標記能提示天使越過以色列人的家庭，不傷害他們的孩子。以色列人逃離埃及後，便以逾越節慶祝上帝擊殺埃及人時越過以色列人的房屋。

　　從那時候開始，以色列人一直保留着慶祝逾越節的傳統，一直到現代。

　　現在，人們會在這個日子製作特別的逾越節餐。當中必須有羊骨，象徵當年為了取得血液塗在門楣上而被宰殺的羔羊，不過猶太人並不會吃羊骨。至於他們使用的麵餅都是未經發酵的無酵餅，紀念當年以色列人趕着離開埃及，沒有時間讓麵餅慢慢發酵。此外，以色列人也會在聚餐中吃浸了鹽水的苦菜，紀念祖先在埃及被奴役的辛酸日子。另外，有一種由果仁、酒、蘋果和肉桂煮成的醬，則代表往日以色列人居住地的磚土。

　　時至今日，除了以色列人外，信奉基督教的人也會慶祝逾越節，以此彰顯神的恩典。信徒會聚在一起享用餐點，還會在聚會中一起禱告，頌唱詩歌，讚美神明。

雲南納西族「三多神」 有哪三多？

中國很多少數民族都有自己的信仰，繼而衍生出祭祀不同神明的獨特節日。「三多節」就是雲南納西族為了供奉他們偉大的「三多神」而設的節日。

三多神又稱為「三朵神」，因此三多節又稱為三朵節。納西族人認為三多神是雲南麗江的化身，在所有守護神中地位最高，祂亦是民族的起源。在傳說中，三多神身穿白甲，頭戴白盔，手執白矛，身下騎着白馬，是個英勇善戰的神明。納西族人相信只要每年供奉祂，祂便會賜給族人平安、豐收和使家族興旺。可以說，納西族人把對自然、祖先和英雄的崇拜都寄託在三多神身上。

納西族信奉三多神的傳統至今已有超過 1,000 年歷史。當地人民除了為三多神大興土木，興建廟宇外，還鑄造了巨大的鼎和鐘，在上面詳細記載了三多神的英勇事迹。每年的農曆 2 月 8 日，納西族人都會聚集到三多廟內，舉行隆重的拜祭儀式，稱為「三多頌」。

　　在「三多頌」的過程中，祭祀神明的香煙會不斷升起。當地每家每戶都會烹調應節食品，供奉偉大的三多神。由於羊被視為是三多神的生肖，因此每到三多節，納西族人都會烤全羊來祭祀牠。除了點香和祭獻之外，納西族人還會在佳節期間舉行廟會，眾人一起載歌載舞，還會與家人和朋友一起踏青、賞花、在野外烹調食物，甚至一起賽馬狂歡等等。納西族獨特的歌舞，使三多節變成一個大型的民俗文化活動。

　　2021 年，納西族的三多節被列入中國第五批國家級非物質文化遺產代表名錄。三多節象徵了納西族的傳統文化和信仰，體現了族人熱愛和平、與自然和諧共處、自強不息的民族精神。這個充滿少數民族色彩的節日，今後還會一直承傳下去。

壯族人有爆旋陀螺比賽？

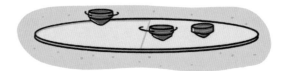

　　陀螺是男女老少都喜愛的玩具，居住在廣西的壯族更會每年舉行一次賽陀螺的體育盛事，那就是陀螺節。

　　壯族是中國境內人口最多的少數民族，族人主要分佈在廣西、雲南、貴州等地。陀螺節至今已有超過 300 年歷史，由農曆除夕夜的前兩三天開始，一直舉行到正月 16 日，足足維持超過半個月。當中，瑤山壯族人的陀螺節特別盛大，在世界享負盛名。

　　瑤山陀螺分為很多種類，大多以優質的木材製成，最小型的陀螺只有 1 厘米左右，比手指頭還小；最大的「陀

螺王」重量則超過 70 公斤，非常巨型。為了轉動巨大的陀螺，壯族人會拿起兩三尺長的麻繩，一圈一圈地纏在陀螺上，再用無名指和尾指夾着麻繩尾端，迅速打向地面，被麻繩甩出去的陀螺就會馬上轉動起來。

在陀螺節期間，大街小巷都能看到壯族人賽陀螺的身影。當地德高望重的老人會擔任比賽裁判發施號令，先喊「定根」，讓各位選手把陀螺放在地上立好，以手按着；接着大喊「開打」！瞬間，所有選手馬上扯動麻繩，把陀螺甩出去。現場觀眾會為選手打氣，人群不停地鼓掌喝彩，把整個賽場擠得水泄不通。一直到賽場上只剩下一個陀螺時，擁有那個陀螺的選手便自動成為贏家。

那麼，贏得陀螺大賽又有什麼獎勵呢？原來，壯族人認為甩出的陀螺轉動得最久是選手身體強壯的表現，因此優勝的選手會特別受到當地女孩的歡迎。為了成為「萬人迷」，壯族的男族人除了會努力練習玩陀螺外，還會在自己的陀螺上塗上各種顏色的木漆，希望能吸引意中人的注意。

壯族人製作和加工陀螺的手藝源遠流長，形成了一條陀螺生產加工的銷售鏈。瑤山出產的陀螺更是外國人爭相追捧的工藝品呢！

女媧補天原來是一個節日？

　　假如天空穿了一個洞，你會怎樣做？原來世界上有一個節日，是紀念天空破洞後被重新修復，那就是客家文化中的「天穿日」。

　　天穿日起源自中國神話，傳說上古時代，有一個人首蛇身的女神，名叫女媧，她以黃土製造了人類。後來水神共工與火神祝融交戰，共工戰敗後十分氣憤，用頭撞向天空，令天空塌陷，天河的水湧入人間，帶來嚴重的水災。女媧娘娘不忍心看見人間的民眾受苦，於是煉製五色石，補好天空的破洞，令人類能夠安居樂業。

為了紀念女媧娘娘的偉大功績，客家人在每年的農曆正月20日都會慶祝「天穿日」，紀念女媧補天。在這一天，客家人只可以祭神，不可以四處遊樂，更不可以工作。人們更會把煎餅放置在屋頂上，象徵補天。現代的泉州、台灣等地，都有在農曆5月5日吃煎堆的習俗，這也是為了紀念女媧補天。

　　如果以現代保護環境的角度來看，農夫每年都不斷耕作動土，令土地難以「休息」。在天穿日時，給予客家人放下工作的機會，正好能使土地「休假一天」，有助大自然及時恢復生機，締造　個可持續發展的環境。

　　天穿日是客家文化特有的特殊節日，各地的客家人現時仍然會繼承傳統，在天穿日當天大肆慶祝，舉辦慶典、派對等節慶活動，足以證明天穿日對客家人來說意義非凡。

跳冰水的傳統活動
被醫生阻止了？

　　俄羅斯的「雪國」形象深入民心，不過，雪國的人民不但沒有被風雪征服，反而會在冰冷的天氣中挑戰自己。每年的 1 月 19 日，不少俄羅斯人都會主動浸入 0 度以下的冰水之中。

　　為什麼他們會這樣做呢？原來這是「主顯節」的傳統！主顯節又稱為神顯日或洗禮節，是基督宗教的重要節日。相傳，這一天是自主耶穌基督降生後，第一次向東方三賢士，亦即是外邦人顯現的日子。對於外國的基督宗教教友來說，這個節日意義十分重大，所以大部分教徒都會慶祝這個節日。另一種說法則認為，主顯節是紀念耶穌在

約旦河受洗的日子，俄羅斯人因此會在這天模仿耶穌走入河流的舉動，跳入冰水之中。

每年主顯日，都會有成千上萬的俄羅斯人冒着風雪，來到附近的河流，接受在寒冷的天氣中跳入河流沐浴的挑戰。俄羅斯人相信，如果能勇敢地浸入冰水中可以清洗自己身上的罪孽，而且對他們的身體有益，因此即使氣溫降到 -20 度，甚至 -30 度以下，他們也不會輕易退縮。就連俄羅斯總統普京也曾經參與過主顯節沐浴的傳統，走到冰水前脫下大衣，在胸前畫下聖十字後，便勇敢地跳進冰水中呢！

雖然這個節日傳統深受俄羅斯人歡迎，不過，有宗教人士認為，在主顯節沐浴的活動只是一般人的狂歡，漸漸與宗教意義脫節。另一方面，醫生亦提醒市民，跳入冰水中很容易會令人染上疾病，所以不應該隨便嘗試。假如真的要嘗試洗「冷水浴」，一定要選擇在有救援人員的地方挑戰。除此以外，在進入冰水之前，也要先活動身體，加快血液流動，避免身體被凍僵。

假如你有機會前往俄羅斯，你又有沒有膽量嘗試在主顯節時跳入冰水之中呢？

如果日本媽媽在女兒節漏掉一個動作，女兒將會嫁不出去？

你有見過日本人在一個紅色的階梯形祭台上，排列着一行又一行精緻的人偶嗎？你知道這個習俗與哪一個節日有關嗎？答案是：女兒節。

女兒節在日文上寫為「雛祭」，又稱為「人偶節」和「上巳節」，過去曾定在農曆 3 月 3 日，而在明治維新後，便改為在西曆 3 月 3 日慶祝。農曆 3 月 3 日本來是中國的「上巳節」，在唐朝，人們會以紙造成人形，表示把自己的疾病和痛苦轉移到人形娃娃身上，然後把娃娃放入河流放走。這個節日在平安時代傳入日本，到 17 世紀傳到王宮，發展成製作人形娃娃，替女兒送走疾病，祈求健

康平安的節日。

女兒節娃娃稱為「雛人形」，這些娃娃由工匠製作，叫價不菲，一套的售價從 15 萬至 50 萬日圓不等（約 1 至 3 萬港幣），昂貴的更高達 100 萬日圓以上（約 6 萬港幣）。日本人會把人偶作為女兒出嫁時的嫁妝，一些名門世家的雛人形代代相傳，是珍貴的文物。

雛人形在祭台上的排列方法大有講究，擺放的台階高達 7 層，娃娃從底至頂，由卑至尊排列擺放。最底層放了盆栽和牛車，第六層是娃娃的嫁妝家具，第五層是 3 名僕人，第四層是一老一少的左右大臣，第三層是負責演奏的 5 人樂隊，而第二層是 3 名宮女，第一層則是最為尊貴的天王和王后。不過，現代人因應居家空間，有時也會選擇只有 5 層、3 層或 1 層祭台的娃娃，但無論如何，層數都必定是單數，因為日本人認為單數是吉祥的數字。

日本家庭一般在 3 月前一兩個星期的吉日開始擺放娃娃，待節日一過，便要馬上把娃娃收起來。因為他們相信若太晚收起娃娃，會令女兒很難嫁出去呢！

嬰兒相撲節，
哭泣聲絕對有意義？

　　嬰兒很容易被一些微小的動靜嚇哭，而世界上居然有一個節日是以嚇哭嬰兒為目標，那就是在日本廣島縣舉行的「哭泣相撲節」！

　　哭泣相撲節在每年的 5 月 5 日舉辦，這天同時是日本的兒童節。每年，日本人都會於這天在家中立起長杆，掛上鯉魚旗，祈求家中的小男孩可以健康快樂地長大。哭泣相撲節是由兒童節衍生的特別比賽，目的同樣是祈求小男孩健康成長，只是，廣島人認為兒童的哭聲能反映他們的健康狀況，哭聲洪亮和長久，正正代表小朋友身體強健，力氣十足。至於另一種說法認為，嬰兒的哭聲可以驅趕邪

物，所以會哭的嬰兒將會成長得特別快高長大，生活平安。因此，當地人不惜在當天舉辦比賽，弄哭所有寶寶，找出當中最「強壯」的嬰兒。

在哭泣相撲節當天，家長會把剛滿月的嬰兒抱到會場，而相撲手則站在相撲台上，等待家長把嬰兒遞到台上，讓他們抱住。眾所周知，日本相撲手體型龐大，力氣十足，氣勢迫人，不少嬰兒都會因為從未見過這樣的陌生人而大哭起來。假如嬰兒被相撲手抱起後仍然不哭，相撲手便會扮鬼臉、發出怪聲，甚至帶上鬼面具來弄哭他們，可說是為了令嬰兒哭而使出渾身解數。不一會兒，會場便會響起嬰兒震耳欲聾的哭聲，場面非常奇怪有趣。接着，台上的相撲手會舉起哭聲最大的嬰兒，表示他在比賽中獲勝，來年一定會「精神百倍」，快高長大！

其實除了在廣島外，日本不少地方都有哭泣相撲節的比賽，當中也有一些地方認為嬰兒被相撲手抱着也不哭泣便代表勇敢。但無論如何，光是看着大大的相撲手抱着小小的嬰兒這個有趣的畫面，就足夠令人開懷大笑了。

啤酒節是否只能喝啤酒？

　　要找出最喜愛喝酒的國家，德國可說是當之無愧！德國慕尼黑每年都會舉辦國際啤酒節，歡迎全球各地喜歡啤酒的遊客聚首一堂。到底德國啤酒節有什麼特別呢？

　　慕尼黑啤酒節又稱為 10 月節，每年由 9 月末開始，一直舉行至 10 月初，為期 16 天左右。這個節日是一項全球盛事，參加人數可高達 600 萬人。瘋狂喝酒和享受美食是這場盛會的主要目的，根據統計，每年參與啤酒節的遊客平均會吃掉 20 萬條香腸，60 萬隻烤雞，和喝掉 600 萬公升的啤酒。這個分量讓一個人吃十年也綽綽有餘！

首日的啤酒節在上午 10 時開始，由一位女生扮演慕尼黑市徽上被稱為「Münchner Kindl」的人物，引領着坐上馬車的慕尼黑市長登場，緊隨其後的是慕尼黑各大小酒廠的專用馬車和表演隊伍，一起來到啤酒節場地的大帳篷。到了正午 12 點時，市長在致辭後會用木錘敲向啤酒桶，高叫「開桶了！」，並喝下第一杯酒，大會此時會拉響 12 響禮炮，宣布啤酒節正開始！啤酒女郎隨即把美味的啤酒分發給遊客，參加者在飲用啤酒後情緒高漲，開始熱情地高歌跳舞。

那麼，啤酒節是從什麼時候創辦的呢？原來這個節日歷史悠久，至今已舉辦超過 170 屆。在 1810 年，後來登基為國王的路德維希一世王子在 10 月舉行大婚，在婚禮上，王子與全城百姓一起飲酒狂歡。至於啤酒的原材料大麥和啤酒花都在 10 月豐收，人民於是歡聚在一起飲酒、唱歌和跳舞，享受王室提供的美食。這項慶祝活動深受當地人的喜愛，於是演變成傳統，一直維持至今。

隨着德國不斷發展，慕尼黑啤酒節的規模也變得愈來愈大。世界各地的城市也紛紛模仿德國，辦起啤酒節來，並在啤酒節中融入各自的文化特色，實在是享受美酒、美食與體驗文化的好去處呢！

「星期六糖果日」會令 人們的身體更健康？

　　你喜歡吃糖果嗎？如果喜歡的話，那麼你一定很適合到瑞典生活。瑞典人非常喜歡糖果，更把每個星期六定為「糖果日」呢！

　　在瑞典，街道兩旁有不少販賣糖果的商店，裏面擺放了一個個方形盒子疊成的櫥櫃，裝滿不同種類的糖果，無論是橡皮糖、水果硬糖、巧克力還是棉花糖都一應俱全。每到周六，父母便會牽着孩子的手，走進糖果店裏購買散裝糖果。為什麼瑞典家庭會有這樣的傳統呢？原來是與1950 年代瑞典的經濟情況有關。

1950年代，瑞典的經濟由衰轉盛，不少家庭有了餘裕，便開始放縱飲食，結果令不少國民都出現肥胖和牙齒問題。瑞典政府認為情況不容忽視，於是開始構思應對方法，希望令國民減少吃糖果，從而預防蛀牙，還有糖尿病等健康問題。後來，瑞典想出「星期六糖果日」這個措施，並大力宣傳，瑞典人於是乖乖聽從政府的呼籲，在每周六與孩子一同購買糖果。隨着市民的響應，不少超市和商店也紛紛跟從潮流，在周六舉行糖果促銷和提供優惠，令「星期六糖果日」的傳統愈來愈穩固。

　　你可能會認為這項措施帶來的好處有限，但經調查顯示，糖果日為瑞典社會帶來了不少好的改變。首先，自從瑞典人固定在星期六吃糖果後，人民的身體和牙齒健康得到顯著的改善。其次，不少父母會在周六給零用錢孩子購買糖果，這使瑞典小孩從小養成儲蓄、規劃等理財觀念，懂得妥善管理金錢。更重要的是，星期六購買糖果成為不少家庭的傳統「節目」，使親子之間的相處時間大大提升。父母與小孩每周一起分享快樂，創造美好回憶，家庭關係自然和樂融融。

使全荷蘭的風車
一同轉動的「風車節」？

　　荷蘭有「風車之國」的美譽，當地的風車會隨風緩緩轉動，展現出悠閒舒適的歐陸風情。每年，荷蘭都會舉行風車節，向世界各地的遊客展現當地的魅力。

　　為什麼荷蘭有這麼多風車呢？原來是因為荷蘭處於歐洲西部的海岸，與英國遙遙相望。大西洋季候風每年都會從北海刮起，經過漏斗形的海峽吹入荷蘭，令當地長年受到季候風影響。為了利用風力資源，荷蘭政府於是在國內增建大量風車，在 18 世紀，荷蘭有接近 2 萬座風車，幫助國民排水和灌溉。這使荷蘭的鮮花種植業非常蓬勃，當地搖身一躍成為世界上最大的鮮花輸出國。荷蘭人

又會使用風車磨米和發電,使傳統農業逐漸走上現代化的大道。當農業發展得愈來愈好,人們便繼而發展畜牧業,使牛奶和芝士的生產數字按年不斷上升。

時至今日,風車已經成為了荷蘭人的精神象徵,甚至被視為荷蘭民族和國家的代表。每年5月的第二個星期六,當地都會舉辦風車節。為了慶祝,荷蘭全國的風車會在這天一同轉動,其中,19座從17世紀遺留下來的風車會在鹿特丹市(Rotterdam)東南面的肯德代克村(Kinderdijk)旋轉。這個城市更擁有世界上最大型的風車群。在節慶期間,整個肯德代克村的風車都會掛上美麗的裝飾,村民則穿上17世紀的荷蘭民族服飾載歌載舞,重現荷蘭歷史上的風光。來到這裏的遊客紛紛到商店中購買造型精緻的風車工藝品,把風車節的快樂回憶帶回家中珍藏。

荷蘭的風車不但美麗,而且是國家文化和歷史的結晶。在風車節中轉動的風車撥起柔風,把荷蘭文化吹到每一個遊客心中。

吵醒亡靈，一起慶祝？

　　世界上很少民族會把紀念先人的日子變成熱鬧的嘉年華會，墨西哥的亡靈節便是其中一個例外，把它由為亡者祈福的日子變成全民慶祝的節日，讓大家能快樂地紀念死者。

　　亡靈節在每年的 10 月 31 日至 11 月 2 日舉行，歷史可以追溯到數百年前土著的慶祝活動，亦有人指這個節日融合了天主教中，靈體在萬聖節回到人間的文化。而對墨西哥人來說，死亡只是生命循環中的其中一個階段，因此悼念死亡反而是不尊重生命周期的表現。他們認為死去的人會活在生者的記憶和精神之中，因此會在亡靈節期

間暫時回到人間，與生者一同慶祝。

　　每年亡靈節，墨西哥人都會在家中或墓園裏的靈壇上擺滿水和食物，慰勞千里迢迢回到人間的親人。他們又會供奉親人的照片，為每位逝去的親人點起蠟燭和由樹脂製造的香，引領亡靈回到安息地。當祭壇準備妥當後，他們會在靈壇上裝飾橘紅色的萬壽菊，用花瓣鋪成長長的小路，讓靈體踏着花瓣回到靈壇。以茴香種子製成骨頭造型的死者麵包是祭台上常見的供品，骷髏糖果也是亡靈節期間受歡迎的零食。

　　到了晚上，亡靈節的重頭戲開始。人們會穿上華麗的衣服，在臉上畫上骷髏頭彩妝，在路上大叫大笑。他們相信這樣做能吵醒墓地中的亡靈，召喚他們回到陽間，與生者一起慶祝。慶祝場地除了會擺放萬壽菊外，墨西哥人還會以彩紙製作紙雕，增添色彩繽紛的裝飾。紙雕同時代表風和生命的脆弱，在亡靈節中別具意義。

　　2008 年，聯合國教科文組織在把亡靈節列入人類無形文化資產目錄，肯定了亡靈節的文化意義。世界各地的遊客來到這裏都能擺脫對死亡的恐懼，學會笑對人生。

意想不到的
節日慶祝方式

日本人驅鬼為什麼要用豆？

　　「鬼向外！福向內！」日本人每年總有一天，會一邊大喊這句說話，一邊往屋子內外灑大豆。這個有趣的習俗，原來是源於「節分」這個富日本特色的節日。

　　節分是指各季節更替的前一天，即是立春、立夏、立秋和立冬的前一天。根據古代的日本曆法，立春是新一年的開始，因此非常重要。加上古人認為季節交替時天氣反覆，容易招來邪惡和疾病，因此必須在立春前一天，即「節分」時舉行驅逐惡靈的儀式。

　　在距今 1,300 年前的日本飛鳥時代，日本人已經

會舉行大型儀式，在節分當日驅除惡鬼。一直到今時今日，日本人仍然有在節分舉行儀式的傳統。豆在中國和日本傳統文化中具有辟邪的作用，加上豆的日文發音是「まめ（mame）」，與「魔滅」同音，豆子於是順理成章地成為日本人的驅魔道具。

在節分當天，日本人會烘煎黃豆，然後找其中一位家庭成員（多數是父親）戴上惡鬼的面具，讓其他家庭成員向「鬼」灑豆，把它趕出去。人們會先從屋內向屋外灑豆，大叫「鬼向外」，使鬼與其他邪惡和疾病一同離開自己的家；然後從室外向室內撒豆，大叫「福向內」，把福氣留在家中。完成驅鬼儀式後，日本人會吃下自己實際歲數加一顆的大豆，藉此保佑身體健康，來年不會生病。

除了大豆外，節分還有另一種特別的料理，稱為「惠方卷」，即包有蔬菜和雞蛋等食材的海苔包醋飯捲。惠方是指福德神明所在的方位，為了不讓緣分和福氣被切斷，人們會面向「惠方」，一邊在心中許願，一邊獨自享用整條惠方卷。在吃惠方卷時，千萬不能開口說話，否則會令運氣跑掉，來年走霉運呢！

你會慶祝「七五三節」和吃「千歲糖」嗎？

天下父母都希望子女能夠健康成長，日本的父母就因為這個願望而慶祝「七五三節」。

七五三節定於每年的 11 月 15 日，相傳古時的醫療技術落後，孩子容易得病，很難健康長大，所以在小孩子 7 歲前，日本人都會視他們為「神之子」，代表神明隨時會接小孩回到天上。在孩子 3 歲、5 歲和 7 歲時，日本人會到神社祈求神明保佑小孩平安成長。早在約 1,000 年前的平安時代，日本王室已開始慶祝七五三節，到了現代，所有日本人都會慶祝這個節日。

特別的是，七五三節的習俗有男女生之分。無論男女都會在 3 歲時慶祝，接下來男孩會在 5 歲慶祝，女孩則會到 7 歲時才再次舉行七五三節的儀式。

孩子 3 歲時，日本父母會為小孩舉行「留髮之儀」，因為古時衛生條件較差，小孩在小時候剃光頭能保持清潔，預防疾病，所以直至小孩 3 歲後，日本人才會讓孩子留長髮。在儀式中，父母會把白線放在孩子的頭上，象徵小孩平安成長至生出白髮的年紀，安享晚年。

男孩 5 歲時會舉行「袴服之儀」，儀式中，男孩會先把左腳穿進袴服中，然後穿好整套傳統袴服，並戴上高高的冠帽，拜敬四方神明，藉此希望男孩能戰勝不同方向的敵人。儀式完成後，便代表男孩進入少年階段。

至於女孩 7 歲時，會舉行「結帶之儀」，穿上和服繫上腰帶。原來日本女孩在 7 歲前穿着和服時只會以繩子綁着衣服，不會繫上腰帶，因此結帶之儀象徵女孩成為少女。

每個儀式舉行完畢後，孩子們都會吃代表長命千歲的「千歲糖」，以保佑小孩平安長壽。現代不少日本父母仍然把七五三節視為小孩成長中的重要節日，因為對父母來說，孩子能健康成長永遠是最重要的。

為什麼要在聖派翠克節佩戴三葉草？

聖派翠克節是愛爾蘭天主教的重要節日，顧名思義，是紀念聖人聖派翠克的節日。每年的 3 月 17 日是聖派翠克的忌日，愛爾蘭人會以不同的方式紀念這位宗教偉人。

相傳聖派翠克是 5 世紀羅馬天主教英國和愛爾蘭地區的主教，他在世時於愛爾蘭傳教，令大批愛爾蘭人成為基督信仰的信徒，因此他被視為愛爾蘭天主教中最重要的聖人。

在聖派翠克節時，愛爾蘭人會舉行大量慶祝活動，包括公眾遊行、狂歡嘉年華會、愛爾蘭傳統音樂節等。不少

人還會在節日時到酒吧狂歡，大大提升了當地酒吧行業的業績。

另一方面，由於聖派翠克常以身穿綠衣的形象出現，又曾以三葉草向當地人解釋基督信仰中聖父、聖子、聖神三位一體的概念，因此在節日當天，愛爾蘭人會身穿綠色服裝，身上佩戴三葉草，或是使用有三葉草圖案的裝飾。當地一些著名地標更會在當日亮起綠色燈光，令整個節日都浸染在一片柔和的綠意當中。

愛爾蘭人從 9 世紀開始慶祝聖派翠克節，近年的慶祝活動更舉辦得愈來愈盛大。20 世紀末，愛爾蘭政府正式承認聖派翠克節，並成立組織，致力把這個節日發揚光大，向大眾展示愛爾蘭人的創新和創意。政府希望通過節日，塑造出愛爾蘭具創造力、專業、精緻和具吸引力的形象。近年來，愛爾蘭聖派翠克節的嘉年華吸引了超過 100 萬名來自世界各地的旅客參加，可說是大獲成功。

不過，有些宗教團體則認為近年的聖派翠克節過度商業化，失去了本來的宗教色彩。他們又批評人們在節日當天狂歡和喝酒，行為並不值得讚賞。我們參與節日慶祝活動時，在放鬆心情之餘，也要記着不要得意忘形，更不要忘記節日背後的意義。

誰把女神淹死了？

　　節慶一般是民眾同歡共樂的日子，沒想到在波蘭，一個歡樂的節日居然會有淹死女神的傳統習俗。到底這位女神犯了什麼錯事，令波蘭人每年都會重複地把她淹死呢？

　　位於東歐的波蘭，其傳統文化與附近的俄羅斯等斯拉夫民族關係密切，很多傳統節日都與斯拉夫神話和宗教相關。每年春天，波蘭人都會在 3 月 21 日春分當日舉行慶祝活動，男女老少會一起舉着由手工製作而成的瑪莎娜（Marzanna）女神娃娃，浩浩蕩蕩地來到河邊，一起把女神像淹死。

原來瑪莎娜女神是斯拉夫文化中的冬季女神，她有多個名字和化身，但都代表着邪惡、瘟疫、死亡和冬天來臨等不受歡迎的事物。除了掌管季節外，她還能控制人的命運，但她總是調皮的把厄運降臨在他人身上，令人們十分厭惡她。

　　由於波蘭人都希望能遠離瑪莎娜女神，因此在每年春分，小孩都會把稻草紮成人形，裹上白布，然後加上絲帶和項鏈等裝飾，製作象徵瑪莎娜女神的人偶。人偶的尺寸由手掌大小到與成人一樣高不等，但所有人偶都會穿上破爛的衣服，被帶到河邊或池溏「淹死」。

　　對當地人來說，淹死女神的儀式代表把冬季女神帶到冥界中溺死，連同她所象徵的死亡、不幸和冬天都會隨她的死去而在大地上消失。自此，春天戰勝了代表死亡的冬天，春天女神拉達（Lada）會代替瑪莎娜來到波蘭人身邊，為他們帶來豐足、幸福的新年。因此，在淹死女神的儀式結束後，波蘭人會在河中放上綠色樹枝和花束，寓意春天的到來。而從河畔回程的路上，波蘭人更會一邊高唱歌頌春天的民謠，一邊以絲帶和蛋殼裝飾四周，慶祝萬物回復生機。

潑灑顏料可以驅走女妖？

　　繽紛色彩閃出的不單是美麗，還有辟除邪惡的力量。在印度教的傳統節日侯麗節中，就有向身邊的人灑上彩色粉末的活動。侯麗節是印度教的重要節日，這個節日的地位崇高。每年在印度教曆 12 月的月圓夜就是侯麗節，因為接近春分，所以這個節日也是印度傳統的春節。

　　侯麗節起源自一個印度傳說：很久以前，有一位名為金卡的印度國王，他希望自己的人民只崇拜他，不允許人們信奉神明。由於王子認為其父親金卡這個舉動是對神明不敬，繼而出手阻止，而金卡居然指使女妖侯麗卡燒死王子。就在女妖放火時，王子一直尊敬的神明大發神威，令

侯麗卡的避火斗篷突然飛起來，並罩在王子身上，保護王子免受火燒的痛苦，而女妖侯麗卡就被大火燒成灰燼。事情結束後，人們為了慶祝王子存活，並紀念神明顯靈驅走女妖，便向王子潑上七彩顏色的水以示慶賀。這個動作演變成侯麗節中，人們互相潑灑顏料的傳統，而後來則改為互灑彩粉。

　　根據地區不同，慶祝侯麗節的活動會持續 3 至 16 天左右。在侯麗節當天，社會地位較低的人士會向社會地位較高的人潑灑顏料，寓意忘記階級，人民同歡共樂。除了潑灑各種顏料外，人們還會互相潑水、把紙紮的女妖侯麗卡像扔入火中燒毀，並在慶典中豎起竹竿，最後燒掉竹竿以表示節日結束。這些活動同樣象徵歡迎春天的到來，寄託了人們希望來年平安健康的願望。正因為這些傳統活動，所以侯麗節又被稱為落紅節、歡悅節、五彩節等等。

　　由於潑灑顏料的活動有趣而色彩繽紛，深受世界各地旅客的喜愛，因此近年不少地區會模仿侯麗節的慶典，舉辦色彩祭，讓大家一同享受互拋顏料的快樂，藉此宣揚愛與平等的信息。

仲夏節要圍着柱子
跳青蛙舞？

　　踏入 6 月，天氣漸漸變得炎熱，夏天的氣息亦愈來愈濃厚。歐洲北部地區氣候寒冷，溫暖的日子很短，所以北歐人十分珍惜美好的夏天，更會一起慶祝「仲夏節」。

　　仲夏節（Summer Solstice）在挪威、芬蘭和瑞典都是公眾假期，而在冰島和英國等地，則會在仲夏節當天舉行慶祝活動。這個節日在不同地區有不同的慶祝日期，但主要介乎 6 月 19 日至 6 月 25 日之間。仲夏節在北歐人眼中是古代夏季的開端，因此會有不同的慶祝活動。

　　「燒大火」是仲夏節中最重要的慶祝活動，在北歐神

話中，大火可以驅除黑暗，使萬物欣欣向榮，更能燃燒掉當冬天白晝變短後在城市中肆虐的惡靈和女巫，迎接和平溫暖的夏天。丹麥人除了會架起篝火堆外，還會在上面插上女巫布偶，然後燃點篝火，象徵趕走邪惡和黑暗。

除了燒大火外，與親友聚會和享受歌舞也是仲夏節不可或缺的活動。北歐的秋冬季日照時間很短，部分北方地區更會持續長時間缺乏日照。當夏天來到，陽光灑在北歐人身上，他們便會身心舒暢，馬上出門與親友玩樂。如位於芬蘭首都赫爾辛基市的伴侶島（Seurasaari）每年都會在仲夏節搭建舞台，表演歌舞，讓民眾一同享受表演，慶祝夏天的來到。人們在篝火堆旁穿着傳統服飾跳舞的畫面，是仲夏節獨有的美麗風景。

至於瑞典會在 5 月節立起「5 月仲夏柱」，十字木柱上纏滿翠綠的枝條和花環裝飾，象徵神話中支撐大地的支柱。瑞典家庭在立起仲夏柱後便會一起圍着柱子高歌，跳起特別的「青蛙舞」。瑞典少年還會戴上精緻的花冠，並收集 7 枝花朵，把花藏在枕頭下，祈求在夢中會夢到將來的終身伴侶！

阻止人們帶宗教雕像回村落的快樂節日？

大部分人都不喜歡弄髒身體，不過西班牙有一個節日，遊客居然玩得愈髒愈愉快，那就是卡斯卡摩拉斯節（Cascamorras）。

卡斯卡摩拉斯節是西班牙格拉納達（Granada）以北的巴薩（Baza）和瓜地斯（Guadix）的特有節日，於每年的 9 月 6 日舉行。在節日期間，所有村民都會「變黑」，在全身塗滿黑色油脂。這樣特殊的慶祝方式是怎樣出現的呢？原來背後有一段傳說。

傳說在 1490 年，巴薩村打算建造仁慈教堂，因此

找來瓜地斯村的工人幫助，在瓜地斯村的工人鑿開一塊石膏時，聽見洞穴中傳來溫柔的聲音，向他說：「憐憫」。之後，工人在檢查洞穴期間，發現了聖母瑪利亞的雕像，這個雕像後來被稱為「仁慈的聖母」。結果，巴薩村和瓜地斯村的村民為了聖母像的擁有權而不斷爭論，法院最後把雕像的擁有權判給巴薩村，同時提出一項有趣的挑戰：

　　假如瓜地斯村的村民能夠在不被巴薩村村民塗上顏料之下，進入到仁慈教堂，他們就可以把神聖的雕像帶回自己的村落。

　　在這之後，當地人創立了卡斯卡摩拉斯節。在 9 月 6 日，瓜地斯村的村民都會浩浩蕩蕩地前往巴薩村，嘗試把雕像帶回自己的村落。不過，巴薩村村民當然不會坐以待斃，他們每到節日便會在身上塗滿漆黑的顏料，攻擊打算「偷走」雕像的瓜地斯村村民。

　　結果 500 年後，瓜地斯村村民仍然未能成功把雕像領回自己的村落。不過，世界各地的遊客卻被這個有趣又骯髒的節日所吸引，千里迢迢地來到這裏，嘗試在一大片染滿顏料的村民中突出重圍。雖然每年的挑戰者都以失敗告終，但每個渾身髒兮兮的遊客，臉上都掛着大大的笑容。

與巨大怪物
一起慶祝安寧日？

印尼峇里島位於小巽他群島，又稱為「眾神之島」和「千廟之島」，當地人信奉很多不同的宗教，展現其獨特的文化色彩。安寧日是這個島嶼上的重要節日，標誌着舊一年結束，新一年來到，對當地居民來說極具意義。

根據峇里島的特殊日曆，安寧日每年都會在西曆 3 月初左右舉行。在這一天，印尼人必須打坐、保持沉默，並禁止進食，所以被稱為安寧日。當地人認為安寧日是自我反省的日子，人們要反思自己過去一年所做過的行為，反省期間不能被各種工作和娛樂活動打擾而導致分心。所以在這一天，大部分峇里島人都不會工作，就連機場也會全

日封閉，只有救護車可以在街道上行駛。維持傳統習俗的保安巡邏人員更會在村子中巡邏，確保所有街道均沒有任何人在活動。就連來到這裏的遊客也必須入鄉隨俗，不能隨便離開酒店。

雖然安寧日當天所有人都必須休息，但在安寧日前幾天，整個峇里島都會舉行盛大的儀式。當地人民會返回自己的家鄉準備「Ogoh Ogoh」，意思是「巨大怪物」。峇里人會用竹子紮出怪物的形狀，然後在竹架上糊上紙，製作出面目猙獰，張牙舞爪的怪物像。這些怪物有 2 至 3 層樓高，一些較繁盛的村落會做出更巨型的怪物。製作完成後，村民會舉行祭祀儀式，然後抬起 Ogoh Ogoh 到街上遊行。他們相信，巨型的怪物能夠嚇退真正的妖怪，保佑村民在新一年平安大吉。當遊行完結後，人們便會放火燒毀怪物，讓它們回歸自然，得到安寧。

如果你也想參與峇里島安寧日的遊行，記得要在安寧日的幾天前來到這裏，不然就只能待在酒店裏冥想，無法親眼看看那些巨大的怪物了！

棕熊可以驅除惡靈？

　　狩獵是古代人們賴以維生的產業之一，現代不少傳統節日都與狩獵文化有關。羅馬尼亞的棕熊節就與當地人獵熊的傳統密不可分，形成了富有文化特色的節日。

　　羅馬尼亞位於歐洲東南部，國土鄰近匈牙利與烏克蘭等地，當地大部分地區都在歐洲內陸，綿延的山脈橫跨整片國土。茂密的山林中棲息着大量野生棕熊，令棕熊經常出現在羅馬尼亞人的生活中。然而，棕熊節的由來一直未有確實說法，有說在古代，羅馬尼亞的統治者會以狩獵棕熊為娛樂，令這種活動深深植根在當地的文化之中。至於另一個說法則是在數百年前，從印度移居到羅馬尼亞的羅

姆人會讓幼棕熊踩踏在村民的後背，以紓緩他們的背部疼痛問題，因此當地人把熊視為「神獸」，認為牠們有治癒疾病的能力。

每年的 12 月，羅馬尼亞人都會披上狩獵得來的棕熊皮，打扮成棕熊的模樣，一同慶祝棕熊節。大批「棕熊」會一邊唱歌，一邊跳舞，逐家逐戶地拜訪，為人民驅逐過去一年的惡靈。在路上，他們會放聲高歌，激昂地表達自己的情緒，令節日充滿歡樂氣氛。至於受拜訪的屋主則要準備食物感謝去除惡靈的棕熊，也有些家庭會向棕熊給予小費，感謝他們的精彩演出。

雖然大批「棕熊」走入民宅，唱出傳統樂曲令棕熊節瀰漫着愉快的氣氛，不過，這個節日同時惹起一些爭議。有保護動物團體認為，羅馬尼亞人穿着棕熊皮大肆慶祝是鼓勵獵熊的行為，違反了保育棕熊的使命。加上遊客可能會受節日氣氛影響而參與狩獵棕熊的活動，形成不良的社會風氣。不過，羅馬尼亞人不理會保護動物團體的反對，每年都會在棕熊節當天繼續高歌熱舞，傳承這項民族傳統。你又認為這個節日應不應該繼續延續下去呢？

環球的趣怪
嘉年華與祭典

為什麼每年的火人祭
都是獨一無二？

　　熊熊燃燒的火焰象徵自我和重生，美國每年一度的火人祭（Burning Man）就完美地展現了火焰的意義。

　　火人祭源於 1986 年，至今已有超過 30 年的歷史。這個祭典長達 9 天，每年都會在美國勞動節（9 月第一個星期一）前一周的星期六開始，一直舉行到勞動節當天。黑石沙漠是火人祭的舉辦地點，這個沙漠位於美國內華達州。每年，火人祭的參加者都會在 9 天會期之內，在虛無飄渺的沙漠之中建設起臨時城市——黑石城，並架起高高的木人。到了祭典的高潮，他們會點起大火，燃燒木人，象徵從灰燼中重獲新生，然後在灰燼中結束祭典。

為什麼會有燃燒木人的傳統呢？原來在 1986 年，火人祭的創辦人拉里・哈維（Larry Harvey）和傑里・詹姆斯（Jerry James）為了安慰在愛情和事業路上失意的友人，在三藩市的沙灘上舉行營火儀式。他們豎起了接近 3 米的木製人像後燒將其毀，燃燒巨型火人的場面壯觀且鼓舞人心，哈維和詹姆斯於是每年都會舉辦聚會燃燒木人，及後漸漸演變成現在的火人祭。

　　現今的火人祭主題五花八門，如 2018 年的主題是機器人、2019 年就以蛻變為題。火人祭的參加者會被稱為火友或火人（Burner），他們可以在祭典上穿上奇裝異服，表現自己的個性和藝術主張，但無論如何，都必須遵守以下十項原則：

　　極致包容、無私餽贈、去商品化、自力更生、展現自我、社區精神、公民責任、不留痕迹、積極參與、活在當下。

　　基於「不留痕迹」這項原則，每年火人祭結束後，所有藝術品都會徹底燒毀，令黑石城完全回歸沙漠，因此每一年的火人祭都是獨一無二的呢。

回到古文明時代
感受太陽祭？

　　陽光是人們生活的必備元素，古代有不少文明都崇拜太陽，並視它為孕育萬物的神明。秘魯的太陽祭就讓你有機會穿梭時空，感受具古文明氣息的祭祀儀式。

　　秘魯位於南美洲西部，與巴西和智利相鄰。這片領土曾屬於印加帝國，在 16 世紀前，印加帝國是南美洲最強大的國家。印加人崇拜太陽神，自稱為太陽之子，他們相信陽光會為印加人民驅逐黑暗和寒冷的天氣，帶來豐足的收成，因此他們每年都會在冬至（6 月下旬），即太陽距離南半球最遠的一天舉行太陽祭，感謝太陽神的恩典，並祈求神明在下一年回歸，繼續守護印加帝國的子

民。

太陽祭是全美洲最古老的慶典，至今已有 600 年歷史。庫斯科是慶典的舉行地點，這裏曾是印加帝國古代的首都，亦是地球上紫外線最強的地方，與太陽關係密切，可說是舉辦太陽祭的最理想地點。

古時舉行太陽祭時，王室成員在數百名士兵和侍女組成的遊行隊伍中乘坐大轎，前往太陽神廟，向太陽敬酒、祈福和誦念詩歌。現代的太陽祭雖然沒有王室成員出席，但專業演員會穿上懷舊的服裝，飾演 600 年前的士兵、祭師等，然後一起來到太陽神殿，開始盛大的歌舞表演。遊行和慶祝活動會從早上一直舉行到午夜，直到晚間的煙火表演完成後才宣告結束。

除了在神殿前的慶祝表演外，庫斯科居民還會在市集上穿起傳統服飾，牽着羊駝展現古代印加帝國的魅力。市集的攤位也會出售酸橙汁醃魚、羊駝肉等充滿印加風味的菜式，讓旅客一嘗當地美食。

不過，到祭典場地近距離觀賞太陽祭需要付額外的入場費，假如你想親身參與祭典，別忘了準備這筆費用啊！

在法國，可以扮演 中世紀的人們？

　　中世紀是指歐洲歷史上 5 世紀至 15 世紀的時期，當時的歐洲經歷了不少重大的歷史事件，不同民族的文化紛紛發展，所以不少歷史愛好者都會為這個時期而着迷。法國的普羅萬鎮（Provins）就舉辦了「中世紀」節，讓世界各地的遊客一起穿越時間，回到浪漫的中世紀。

　　普羅萬鎮距離法國首都巴黎約 1 小時車程，在 12 至 13 世紀，這裏曾是法國的貿易中心。無論是法國本地、地中海國家還是東歐國家的商品都會運送到這裏，供各地商人選購。為了保護人民的財產，這裏建造了厚實的城牆和堡壘，這些中世紀建築至今仍然屹立不倒，令小鎮充滿中

世紀風情。普羅萬鎮的古城和中世紀市集，更在 2001 年入選世界遺產名錄。

　　每年 6 月，普羅萬鎮都會舉行中世紀節，至今已舉辦超過 30 屆。在節日當天，鎮上的居民會換上中世紀戲服，把整個城鎮佈置成 500 多年前的樣子。鐵匠、吟遊詩人、十字軍、中世紀的麵包師傅等等，在城中隨處可見。士兵身披鏈子甲，裁縫在路旁踩着木製衣車趕製衣服，鐵匠拿着鐵錘擊打燒紅的金屬⋯⋯這些充滿懷舊氣息的畫面都呈現在遊客眼前。

　　中世紀節的重頭戲就是遊行，穿着各種戲服的遊客或演員會一起加入遊行，走遍整個普羅萬鎮。在這期間，整個小鎮只會看到中世紀人物，四周都會奏起中世紀的音樂。遊行結束後，遊客可以參與比劍活動，化身中世紀劍士；城內的廣場更常常「歷史重演」——有騎士出巡為遊客表演。

　　假如你對中世紀文化有興趣，不妨來到普羅萬鎮租借中世紀服飾，一起在節日中穿越時空，成為歷史中的中世紀小鎮居民。

為什麼安徒生節
「一切皆有可能」？

　　丹麥文豪安徒生創作過很多童話故事，《小美人魚》、《賣火柴的小女孩》等都是耳熟能詳的童話。丹麥人以擁有這位文學家為榮，更因此創辦「安徒生節」，宣揚安徒生為兒童創作故事的精神。

　　第一屆安徒生文化藝術節在 2013 年舉行，目的是令兒童可以像安徒生所寫的童話故事一樣發揮所長，發掘自己的小天地。主辦方以「捕捉想像力、發掘激情與色彩」為宗旨，聚集丹麥和世界各地有才華的兒童和青少年，一同在丹麥舉行表演。

節日在每年的 8 月舉行，主辦城市奧登塞市不只是丹麥最古老的城市之一，也是安徒生的出生地。這個「童話之鄉」極具魅力，安徒生節正好可以向世界各地的人民展示當地古老的韻味。

　　安徒生文化藝術節包括超過 500 個慶典活動，無論是傳統戲劇表演、童話劇演出、嘉年華、音樂會、各式藝術展等應有盡有，有關安徒生本人和其作品的講座也是節日的重頭戲。這些節目大部分都是免費向公眾開放的，任何人都能一同享受內容豐富、多姿多彩的藝術表演，大大擴闊自己的眼界。

　　在各項表演之中，最值得介紹的一項便是安徒生花車巡遊。巡遊以安徒生筆下的童話故事為主題，在 24 分鐘內，多輛花車會把 24 個安徒生童話故事展現在觀眾眼前，當中包括《醜小鴨》、《拇指故娘》、《國王的新衣》等作品。表演不但賞心悅目，而且還富有文學內涵，十分值得大家到場親身觀賞。

　　安徒生節的宣傳標語是「一切皆有可能」，當你來到丹麥時，也可以一同感受無限的可能。

充分體驗森巴文化的狂歡節？

　　說起巴西，你可能會想起足球，還有當地人民熱情奔放的個性。如果你想感受當地人擅長歌舞，好客友善的特質，不妨親身參與每年的里約狂歡節。

　　里約狂歡節是巴西每年一度的文化和宗教節日，一般在「大齋首日」前的星期五舉行，大概在西曆的 2 月中旬或下旬，一連慶祝 6 天。這是世界上最大的狂歡節日，每日都會有超過 200 萬人在街上一同慶祝。巴西人認為這項節日的歷史可以追溯到 1640 年代，當時人們為了向希臘的酒神致敬，於是舉行了盛大的宴會。後來，葡萄牙人統治了巴西，引入了音樂節，巴西人於是在 1840

年舉行第一屆里約化裝舞會，漸漸演變成現在的里約狂歡節。

在狂歡節中，巴西全國各地都會舉行大型的遊行或森巴舞比賽，超過 400 所森巴舞學校和民間團體都會參加這場盛會，爭取在大賽中取勝。遊行的花車設計誇張又華麗，不同隊伍又會配合主題和劇情設計表演服飾和安排音樂，表演歷史、文化、巴西足球等有趣的內容，令遊客目不暇給。里約熱內盧市長會把城門的金鑰匙交給「狂歡國王」，代表狂歡節開始，由狂歡國王統治全國。

對巴西人來說，狂歡節是「人人平等」的節慶活動。古代的貴族和平民會在節日期間拋開階級，一起慶祝。現代的狂歡節中，無論是有名的專業舞蹈學校，還是貧民窟中的基層舞蹈員都會一起為節日而努力，來自世界各地的遊客也可以一同參與，平等地享受節日的快樂。

遊客在狂歡節中除了可以觀賞花車巡遊、森巴舞表演外，還可以在里約熱內盧綿長的海灘上享受陽光和美酒，感受巴西迷人的異國情調。

向海盜致敬的節日？

　　世界上有不少節日與民族的歷史息息相關，蘇格蘭泄蘭群島（Shetland Islands）的「聖火節」（Up Helly-Aa）就與其歷史關係密切。

　　蘇格蘭位於現今英國北部，泄蘭群島則在蘇格蘭最北面，當地曾經被北歐的維京海盜佔據。在 1,200 年前，維京海盜令歐洲人聞風喪膽。因為他們身材高大，個個英勇善戰，又常常乘着戰船到處侵略和搶奪物資，令歐洲人深受其害。每當北歐海盜取得勝利時，他們都會舉行火祭，拜祭已死去的維京戰士，並向神靈祈福。這個祭典同時是北歐人告別冬天，迎接春天的儀式。而蘇格

蘭「聖火節」的意思是「最後的聖潔之日」，目的是向過往身為北歐海盜，取得優秀戰績的輝煌時代致意。

　　每年的聖火祭會在1月份的最後一個星期二舉行，在祭典中，蘇格蘭人會打扮成海盜的樣子，頭戴有兩隻牛角的「牛角盔」，手持盾牌和斧頭，駕駛一艘長達9米的巨型維京戰船前往港口。當首領發施號令後，戰船便向海邊前進，同時，岸上的士兵會將火把擲向戰船，令戰船燃起熊熊大火。不消片刻，巨型的戰艦被燒得只剩下骨架，場面非常壯觀。在儀式的尾聲，所有群眾會一起高唱安魂曲，同時回想昔日在戰事中犧牲的偉大戰士，希望火光能把維京戰士引領向北歐神話中的殿堂，得到安息。

　　在燒毀維京戰船後，當地人們會聚在一起載歌載舞，分享美酒和美食，為冬天結束，生機勃發的春天即將到來而慶祝。時至今日，蘇格蘭人依然會慶祝聖火節。這個節日仍然是歐洲每年最大型的火祭，因此不少人都會慕名前往蘇格蘭，參與這個壯觀而富有歷史氣息的節日。

你想任意向人擲番茄嗎？

　　你喜歡番茄嗎？如果你喜歡番茄，相信你一定會喜歡西班牙的番茄節，因為那是一個用番茄狂歡享樂的節日。

　　每年 8 月的最後一個星期三，西班牙巴倫西亞自治區的布尼奧爾鎮都會舉行番茄大戰，來自不同國家的遊客會慕名而來參加這場混亂的大戰。大戰由一塊火腿掀開序幕，當地人會預先在街上豎起一根塗滿油脂的木杆，然後在杆頂放上火腿。一到早上 10 點，參加者便會爭相爬上木杆，當火腿被取下來後，番茄大戰就正式開始。

　　一列列大貨車把數以噸計的番茄運到市中心，傾倒在

街道兩旁，當所有大街小巷都放滿番茄後，主持馬上會點起衝天炮向群眾「宣戰」。大街上的人們立刻抓起番茄，忘我地扔向身邊的人。很快地，所有人、整條街道、整個小鎮都會染上番茄的鮮紅色。

整場番茄大戰會維持約兩小時，當衝天炮再次爆開後，所有人都必須停止再擲番茄。這時候，附近的公共淋浴間就成為了參加者的目的地。他們會湧向淋浴間，沖掉身上橙紅色的番茄肉和酸甜的汁液。消防車則會用高壓水槍為街道「洗澡」，令小鎮回復原貌。

關於番茄節的起源眾說紛紜，有人認為這是起源自布尼奧爾鎮居民間的食物大戰，也有人認為是源於小鎮居民用番茄攻擊議會成員的事件。不過，無論番茄節的來源是什麼，我們也可以肯定，所有人都必定在番茄節上玩得非常盡興。

雖然番茄節是屬於狂歡的節日，但原來為了保障參加者的安全，當地政府還是訂立了一些規則。比如節日的參加者應佩戴護目鏡和手套，而在投擲番茄前，應先把番茄捏爛，避免傷害其他人。此外，除了番茄外，投擲其他任何物品都是嚴格禁止的。假如你有機會參與番茄節，記得要遵守這些規則呢！

有個節日會將芝士
以時速 110 公里滾下山？

　　大部分芝士都是圓形或圓柱形的，你有沒有想過有人把芝士滾出去，然後讓你去追呢？到英國參與庫柏山滾芝士大賽，就能讓你得償所願，試試「追」芝士的滋味。

　　庫柏山位於英國西南部告羅士打郡（Gloucester）的布拉沃斯村（Brockworth），在每年 5 月的最後一個星期一，那兒都會舉行滾芝士大賽。不過比賽上使用的芝士大有講究，並不是任何一種芝士都能滾下山的。大賽選用的是雙層告羅士打芝士，這種芝士呈圓形，以牛奶製成，質地堅硬，加上側面有木製的外殼保護，因此不易被撞破，十分適合在滾芝士比賽中使用。

每到滾芝士大賽時，來自世界各地的參賽者都會來到庫柏山，比賽路段從山頂到山腳全程約 1,800 米，比賽開始時，裁判會把一塊 3 至 4 公斤的芝士從山頂滾下，參賽者會隨着芝士起跑，嘗試在途中撿起芝士。成功撿起芝士或者最先跟着芝士跑到山腳的參賽者就是比賽的優勝者，能獲得芝士作為禮物。不過，庫柏山山勢陡峭，芝士滾動的時速高達 110 公里，要在途中撿起芝士可說是「不可能的任務」。因此每年比賽期間都有不少參加者連滾帶爬地從山頂滾到山腳，亦由於賽事有一定的危險性，所以每年進行比賽時，聖約翰救傷隊都會在庫柏山腳嚴陣以待，包紮和處理選手的傷口。

　　儘管每年都有為數不少的選手在比賽中受傷，但庫柏山滾芝士大賽實在太有趣了，每年還是吸引到許多人前來參加，《衞報》更稱這項比賽為「國際知名活動」。如果想試試追逐芝士的樂趣，記得要預留 5 月的時間呀！

鄒族的「戰祭」
有什麼魅力？

　　台灣有不少原住民族群，他們都有着別樹一格的文化，還有不少既特別又有趣的節日。鄒族的「戰祭」就在 2009 年被列為中華民國文化資產，並在 2011 年登錄為重要的民俗。到底這個節日有什麼魅力呢？

　　鄒族主要生活在台灣南部，在嘉義阿里山鄉和高雄那瑪夏區都能找到他們的部落。「社」是當地社會的單位，每個社都由不同的氏族組成。戰祭是鄒族的重要祭典，舉辦目的是祈求戰神亞伐霏歐（Iafafeoi）庇佑部族中的戰士，並且勉勵族人奉獻精神和生命，保護族內的生命和精神。戰祭多數由不同的社和部落在 2 月輪流舉行，

為期 3 天，期間，鄒族人會舉行大量的慶祝活動。

在祭典當天，鄒族勇士會在清晨時分穿上傳統服飾，上山採摘「神花」石斛蘭，然後把花卉種植在聖所「庫巴（Kuba）」入口和屋頂上，表達歡迎天神降臨的心情。準備完成後，主祭的首領就會登上庫巴，把紅木槿皮條分發給勇士，用來裝飾手臂和刀帶，及後再把石斛蘭分給戰士，插在帽子和腰間上。接下來，首領和勇士會一起前往庫巴前的廣場，在神樹雀榕前開始祭獻小豬的儀式。豬血會被抹在神樹上，以示供奉天神。最後，眾人會圍着神樹吟唱迎神曲，迎接天神和祭神。

完成迎神儀式後，鄒族人民會在廣場上表演歌舞，慶祝長達 3 天 2 夜。男女老少的鄒族人都會一起跳舞和唱歌，讚頌戰神和祖先的英勇事迹。在最後一天的午夜，廣場上會響起送神曲，最後吹熄火堆，完成整個祭祀。

戰祭是鄒族人們維繫族人、交流感情，還有和神明溝通的重要節日，體現了鄒族人重視宗教和民族的思想。

持續慶祝大半年
的飛魚祭？

　　台灣是一個美麗的海島，當地不少原居民住在海岸附近，達悟族就是一個海洋民族。達悟族主要居住在台灣東南外海的蘭嶼上，他們以捕魚為主要產業，整個生活重心都圍繞着捕捉飛魚的活動。根據達悟族神話，飛魚與族人的關係密切。傳說神看到蘭嶼上沒有人居住，於是在島上創造了兩位達悟人的始祖。其中一位始祖吃了魚貝後患上皮膚病，飛魚王於是托夢，將捕獵和食用飛魚的智慧傳授給達悟人。從此，達悟人學會在海洋生存，以飛魚為食糧，令民族不斷壯大。因此達悟人十分崇拜飛魚，更以飛魚祭來紀念神話中飛魚王的恩典。

飛魚祭的慶祝日期不是只有一天，而是長達整整 8 至 9 個月，由一連串與飛魚季節相關的祭典儀式組成。學者認為祭典可分為 3 個階段，共 11 個祭儀：

　　在 2 月至 3 月初，達悟族會開始舉行「召飛魚祭（Mivanwa）」，召集部落中的所有男性來到海邊，宰殺牲畜，在手指上沾上祭血，將血點在石頭上，祈求飛魚豐收。

　　到 4 月至 5 月，是「釣鬼頭刀祭儀（Papataw）」，各家男性開始乘船出海，全心全意捕魚，並根據日夜，捕捉不同的魚類。至於女性則會在家中製作糧食，回饋辛苦捕魚的男性。

　　到 5 月至 8 月，捕魚季節結束，達悟人會舉行「飛魚終食祭（Manoyotoyon）」，宣告今年的飛魚祭結束，並將一切禁忌解除，不過這也代表疾病和災禍會開始在人間降臨，達悟人必須一邊抵抗災禍，一邊期待明年飛魚祭的來臨，由神明再次保佑他們。

　　飛魚祭反映了達悟人與飛魚共生的關係，提醒我們與海洋共存的智慧。我們必須保護環境，才能與大自然一起可持續發展。

只穿內褲參加的 「搶寶木」祭典？

如果有人邀請你只穿一件內褲參加祭典，你很可能會以為他在開玩笑。不過，日本每年都會有一天，有接近 1 萬位男性只穿着兜襠布，在祭典上大肆慶祝，這個祭典就是著名的「裸祭」。

每年的夏季或冬季，全日本都會有數十個地方舉行裸祭，當中最著名的就是岡山市西大寺舉行的西大寺會陽。傳說西大寺的裸祭自 1510 年開始舉辦，至今已有超過 500 年歷史。裸祭是日本人慶祝佛教的節日，本來是為了表達對豐收的祝福，但時至今日，祭典的意義和舉辦方式都與過去大有不同。

現代的裸祭只限男性參加，參加者只能穿着兜襠布。當地人相信露出身體象徵「剛出生時清淨純潔」的狀態，而神靈只願意與純潔的人溝通，為他們消除災禍，因此若要祈求神明降福，就必須露出大面積的皮膚。

　　裸祭的高潮是爭奪「寶木」，相傳這是從古代信徒在祭典上搶奪寺廟住持所派發的護身符演變而來的。現代的「寶木」是兩支長約 20 厘米的木棒，同樣是受到住持加持的聖物。

　　祭典在晚上 10 時左右開始，參加者必須先到會場外準備，使用乾淨的清水淨身，然後在寺廟外等待。一到 10 點，現場會關閉一切照明裝置，寺廟住持把寶木投擲到黑暗之中。這時候，大批參加者會在黑暗中扭打在一起，各人你推我撞，務求能脫穎而出，搶到寶木。只要能手持寶木，衝到場外，就能成為祭典中受到神明保佑的「福男」。有「福男」接受媒體訪問時說，能夠抓到寶木，為他帶來了難以言喻的快樂。

　　在 2016 年，裸祭被日本政府列為重要無形文化財產，足以證明裸祭文化深受日本人的重視。這項獨特的祭典很值得大家到場參觀看看呢！

這個節日要跳「傻瓜舞」？

　　歌舞是祭典中不能缺少的元素，日本就有一些祭典以舞蹈為賣點，吸引不少遊客到場欣賞，德島市的阿波舞祭就是日本最著名的舞蹈節日之一。

　　阿波舞是一種獨特的日本舞蹈，傳說是由「盆舞」演變而來。盆舞本來是日本各地在夏天慶祝「盆舞節」時表演的舞蹈，因此阿波舞也洋溢着歡欣、快樂的慶祝氣氛。另外也有一種說法指阿波舞源自 1587 年，當時的德島藩主為慶祝德島城興建完成設宴，百姓都酒醉飯飽，在慶祝時舉起雙手跳舞。那些即興的舞蹈就變成了阿波舞。

三味線、太鼓和篠笛是演奏阿波舞背景音樂的常見樂器，多數樂曲都以二拍子寫成。舞蹈者會高舉雙手，做出不同的手部動作，配合簡單的踢腿和旋轉，完成一種隨興的團體舞蹈。由於舞蹈的動作有趣，看起來像是人喝醉了在高興地搖擺一樣，所以阿波舞又被稱為「傻瓜舞」。

　　德島的阿波舞祭深受人們歡迎，在日本廣為人知，當地的中小學生都會在課堂上學習阿波舞，然後參加阿波舞表演。假如當地人想在祭典上表演阿波舞，就需要報名加入「連」隊。不少德島的知名企業、學校等，都會組成連隊推廣阿波舞的文化。在祭典期間，工作人員會在連隊前方提着寫有連隊名字的燈籠，帶領隊伍出場表演。有時候，表演隊伍會邀請附近的遊客一起加入祭典，一同跳阿波舞。

　　德島流傳着一句有關阿波舞的話：「跳舞的是傻子，看戲的也是傻子，反正都是傻，不如一起來！」這句話體現了阿波舞有趣的特點，同時反映當地人接納外地遊客，希望與眾同樂的精神。若你剛好在阿波舞祭期間到訪德島，不妨響應當地人的邀請，一起加入跳阿波舞的行列，成為一個快樂的「傻子」吧！

冬天竟然可以嚇走的？

假如你遇到頭上有角，長着長毛的鬼，一定會被嚇得拔足狂奔吧？但是每年 2 月底，匈牙利的莫哈奇市都會佈滿那樣的「鬼」，原因竟然是為了嚇走冬天！

「莫哈奇鬼節面具嘉年華」至今已有 300 年歷史，傳說在 16 世紀，匈牙利王朝被土耳其入侵，莫哈奇的土著卡茲人深受土耳其士兵的奴役，於是在夜裏戴上長着角、帶有長毛，染上紅血的面具，製造巨大的噪音嚇退土耳其士兵。自此以後，當地人便會在每年 2 月底舉行為期 6 天的魔鬼面具遊行（Buso Parade），並漸漸演變成以這種傳統來嚇跑寒冬，迎接春天。

時至今日，匈牙利人仍會穿上傳統服飾，在嘉年華上戴上鬼面具。男性的面具較為巨型，女性則只會以黑布蒙起雙眼，至於小孩就會戴上較小的小鬼面具。當地人還會拿着由木頭製造，類似響板的玩具，一邊走一邊發出巨大的聲音。有些人還會準備大量麵粉，灑向經過的途人，象徵把冬天趕走。還有些「鬼」特別熱情愛玩，會上前追逐遊客，甚至舉起木響板作勢要擊向遊人，嚇得遊人哇哇大叫，邊尖叫邊躲避，在廣場上跑來跑去，場面非常熱鬧。

　　嘉年華的高潮是最後一天的火燒舞會，人們會在廣場上點起營火，一起戴着面具高歌跳舞。遊客也可以在附近的商店購買鬼面具，走入舞會之中，與當地人一起跳舞慶祝。隨着舞會結束，營火熄滅，便代表冬天過去，春天正式來臨。

　　莫哈奇製造木質面具的工藝出色，當地商店除了會售賣巨型面具，還會出售迷你版的小鬼飾物。這些商品深受遊客歡迎，常常可以看見遊客在離開嘉年華時拿着很多購物袋，把莫哈奇小鬼帶回家送給親友呢！

芬蘭「五一節」
讓人熱情奔放？

　　提到芬蘭，你會想起總是呵呵大笑的聖誕老人？還是芬蘭人內向的民族個性？雖然芬蘭人普遍害羞內斂，但在 5 月 1 日的五一節期間，他們可是會一反常態地熱情呢。

　　五一節（Vappu）是芬蘭人一年之中最盛大的「嘉年華」，亦是當地人迎接春天的節日。在前一天的 4 月 30 日，芬蘭學生已經會開始慶祝。這一天除了是五一節前夕，也被稱為「戴帽節」，芬蘭學生會頭戴白帽子，穿着各式各樣的連身褲，在城市的街道上聚集。原來連身褲就像是芬蘭人的校服，不同學科的學生都會穿着不同的連身褲，在衣服上貼上代表不同活動的徽章。芬蘭學生會

根據這些提示尋找與自己性情相近的學生，迅速拉近彼此的關係。而白帽子是芬蘭人在高中畢業，通過畢業考試的象徵，因此成為了學生慶祝這個節日的標準服飾。他們會在 4 月 30 日這天與朋友聚集，一起野餐和聚會，為五一節拉開序幕。

到了 5 月 1 日，全國所有芬蘭人都會傾巢而出，無論男女老少都會一同前往公園，迎接春天到來。芬蘭首都赫爾辛基的大型海邊公園井園（Kaivopuisto）擠滿了前來野餐的芬蘭人，他們拿着不同顏色的汽球，令整個公園變得五彩繽紛。一家大小還會在公園內搭起帳篷，以電子音響播放節拍強勁的音樂，與陌生人一同唱歌跳舞，分享節日氣氛。

除了野餐外，喜歡喝酒的芬蘭人還會在五一節當天喝低酒精濃度的傳統飲品 Sima。無論在大街小巷，人們都會手拿美酒，一起歡呼大叫。在酒精的影響下，羞怯的芬蘭人都會變得熱情奔放。不過，五一節的「魔法」只會維持 2 天，當節日過去，芬蘭人便會回復平日內向的樣子。

超絕望黑暗料理在冰島？

　　色香味俱全向來是評價美食的標準，但世上有些人卻不愛「香噴噴」的食物，反而愛吃臭臭的食物，甚至為「臭食」舉行節日！就讓我們一起了解冰島的「臭食節」有什麼特別吧！

　　自 1960 年代起，冰島人每年都會在 1 月中旬至 2 月中旬舉行名為「Þorrablót」的臭食節。在冰島曆中，冬季第四個月稱為「索利月（Þorri）」，冰島人會在這個月份吃臭食，所以臭食被稱為「Þorramatur」，即是索利月之食。

臭食是指以傳統方式醃製或發酵過的食物，由於發酵和醃製的過程中會產生特別的氣體，因此經過處理的食物都會染上一種酸臭氣味，嗅起來好像變壞了一樣。就像香港的臭豆腐帶着惡臭，吃起來卻非常可口。冰島人認為吃臭食是一種享受，因此臭食節深受當地人歡迎。

　　常見的冰島臭食有：發酵鯊魚肉、醃製公羊睪丸、血布丁、肝香腸、地熱黑裸麥麵包、烤羊頭等等。大部分食物由於經過加工，所以看起來灰灰黑黑的，賣相完全不吸引。當中，鯊魚肉更為了要保持濕潤而使用尿素發酵，一放進嘴裏，強烈的阿摩尼亞味道在口腔中爆開，令吃不慣的遊客大呼噁心。英國名廚戈登·拉姆齊（Gordon Ramsay）就曾在節目上試吃醃鯊魚肉，但他馬上就把肉全吐出來了。

　　雖然其他國家的人難以理解臭食，但冰島人依然故我，每年都會聚集在一起享用「美味」的臭食，餐廳更會舉行臭食自助餐。在臭食聚會中，他們更會一起歌唱冰島民謠，聯絡感情。假如你對充滿臭味的「黑暗料理」卻步，記緊在 1 月至 2 月期間遠離冰島，千萬別在臭食節期間來這兒旅遊啊！

復活島除了巨石，
還有鳥人？

南太平洋的復活島位於智利境內，島上只有約 2,000 名居民。這個遠離人煙的小島因為島上的巨型摩艾石像而聲名遠播，其實當地的「鳥人祭」亦同樣充滿神祕浪漫的氣息呢！

鳥人的傳說出自當地人的神話，傳說古時的造物主瑪科·瑪科賜予復活島人民聖物海鳥蛋，指派祭司到兩處礁石上領取這份聖物。當 8 月、9 月海鷗飛來時，島民便會齊集在奧龍戈火山頂端開會，挑選出領取聖物的選手。每個部族都會推舉一位壯士，負責爬下 1,300 米的峭壁，避開激流和海中的鯊魚，游到 2 公里外的礁石上領取

鳥蛋。

　　只要部落選出的壯士能夠以最快的速度在礁石上找到鳥蛋，然後游回島上，把完整無缺的鳥蛋交給酋長，這位參賽者便能成為那一年的「鳥人」。鳥人在當地人眼中擁有最高榮譽，會被視為英雄和首領，受到整座島的人民朝拜，甚至會被奉為神明。

　　拾取鳥蛋的活動曾在 1860 年代後停辦，直至 1976 年，當地才再次舉辦鳥人祭，並把祭典改在每年 2 月舉行，讓更多旅客能在較適合旅行的季節來到復活島，親眼目睹這項奇異的風俗。現在的鳥人祭是一場盛大的嘉年華會，島上會舉行不同的競賽活動，包括划船、賽跑、游泳、騎馬等等，接連不絕的活動長達半個月。這些活動都糅合了復活島的文化特色，展現了當地的歷史、藝術和音樂。

　　除了活動外，復活島本身也保留了很多鳥人崇拜的遺蹟，比如隨處可見的圖騰、壁畫、雕像等等。在奧龍戈村落之中便保存了一幅鳥人刻繪，足足有 150 年歷史。遍佈四周的歷史遺產令遊客在參與鳥人祭和遊覽復活島時充滿趣味，是一趟充滿歷史意義的旅程。

戴着微笑面具去遊行？

　　提到 10 月份的節日，你可能會聯想到萬聖節，除此之外，你還知道哪些在 10 月份舉行的狂歡節日嗎？在 10 月舉行的菲律賓巴克羅面具節被選為「10 月份世界上必做的十二事」之一，很值得我們了解！

　　面具節在每年 10 月的第三周開始，舉辦地點巴克羅市位於盛產蔗糖的內格羅斯島。這個歡樂的小島過去曾經經歷低潮，在 1980 年，蔗糖業蕭條，盛產蔗糖的巴克羅市經濟衰退，人民生活苦不堪言，加上當時菲律賓發生沉船意外，更令整個國家陷入悲傷的氣氛之中。為了鼓舞人民，巴克羅於是舉辦了第一屆面具節。面具節在當地語

言中稱為「MassKara」，意思是「人群」和「面具」，象徵當地居民對生活認真盡責，不怕艱苦的精神。在節日中，人們會戴上畫了大大笑臉的面具高歌跳舞，藉此撫慰人們受傷的心，使國民重拾歡笑。

自 1980 年起，巴克羅每年都會舉行面具節。為期 3 周的活動包括音樂表演、舞蹈競賽、化裝舞會等，「面具遊行」更是節日活動中的重點。遊行隊伍戴着畫上微笑的面具，隨着強勁的拉丁音樂表演歡樂的歌舞，一邊經過大街，一邊向所有圍觀的民眾散播歡笑。除了面具外，表演隊伍還會穿上色彩鮮艷，並用上珠片、閃石、羽毛等配件裝飾的服裝，令遊行更為賞心悅目。

面具節的微笑面具很快就成為了巴克羅的象徵，為當地贏得「微笑城市」的美名，吸引遊客前來。這個慶典不但令巴克羅從悲傷的氣氛中重拾快樂，也把開懷的笑容傳遞給世界各地的遊客。無論你在生活中遇到什麼困難，只要來到面具節，也一定會被面具上大大的笑容感染，露出燦爛的笑容。

教科書沒有告訴你的奇趣冷知識 節日篇

編　　　　　者	明報出版社編輯部
助 理 出 版 經 理	周詩韵
責　任　編　輯	陳珈悠
文　字　協　力	潘沛雯
協　　　　　力	潘瑩露
繪　　　　　畫	Winny Kwok
美　術　設　計	郭泳霖
出　　　　　版	明窗出版社
發　　　　　行	明報出版社有限公司
	香港柴灣嘉業街 18 號
	明報工業中心 A 座 15 樓
電　　　　　話	2595 3215
傳　　　　　真	2898 2646
網　　　　　址	http://books.mingpao.com/
電　子　郵　箱	mpp@mingpao.com
版　　　　　次	二〇二二年七月初版
I　S　B　N	978-988-8688-57-9
承　　　　　印	美雅印刷製本有限公司

© 版權所有・翻印必究

本出版社已力求所刊載內容準確，惟該等內容只供參考，本出版社不能擔保或保證內容全部正確或詳盡，並且不會就任何因本書而引致或所涉及的損失或損害承擔任何法律責任。